經現代科學證實

「絕對有效！」

最高育兒指南

55個

提升0-5歲寶寶智力、
強化身心靈的科學育兒法

Zero to Five

Tracy Cutchlow
崔西・庫奇洛 —————— 著

賴郁婷 —————— 譯

前言——一本彙整所有育兒階段「真正重要的事」的指南

有孩子的人都有「共同」的煩惱

養小孩的父母，都有「非常多」想知道的事情和疑問。

至少我是如此。在三十五歲懷孕之前，我和先生花了好幾個月的時間討論「要不要生小孩」。雖然在這之前我完全沒有帶小孩的經驗，但懷孕之後，我立刻投入生產和育兒的準備。

我參加媽媽教室，一天到晚不停搜尋關於尿布、嬰兒服和育兒用品的資訊（我們甚至很早就買了滑步車，因為我們夫妻倆都很喜歡騎單車）。

然而，我卻一直找不到任何有用的育兒資訊。

我唯一的優勢，是過去曾參與編輯孩童大腦發育的相關書籍《0-5 歲寶寶大腦活力手冊》（Brain Rules for Baby，約翰．麥迪納〔John Medina〕著）。

不過，對於我眼前正嚎啕大哭的寶寶，那本書並沒有提供我任何有用的協助。很遺憾的，我一直找不到**一本可以立即解答我每天疑問的育兒書**。

有孩子的人，很多時候都有類似的煩惱。

怎麼哄孩子睡覺？

哭鬧時如何安撫？

孩子要怎麼吃才對？

半夜哭鬧怎麼辦？

帶孩子外出要注意什麼？

父母該怎麼找時間休息？

如何開發孩子的智力？

如何保持過去的人際關係？

可以讓孩子接觸手機和電腦嗎？

我和先生每天都因為孩子又驚又喜，又是擔心、又是焦慮的。遇到問題就不斷找方法解決。

例如問朋友、和媽媽討論等。我先生則是瘋狂上網找答案。

最後，我們被埋沒在一堆「這種方法對我家孩子沒有用」的意見，以及立場相反的報導和毫不相干的意見等各種訊息中而陷入混亂。

就在這個時候，我偶爾在書櫃角落發現一本大腦發育和育兒的書。那是我在編輯《Brain Rules for Baby》時的參考資料，後來也成為我撰寫本書時的參考資料。看著這本厚重專業書籍當中那些艱澀難懂的專業用語，我開始思考一件事。

真希望有一本簡單明瞭、彙整了所有以科學數據為依據的實用育兒方法等，充滿實用訊息的書。

成就一生財富的「8大要事」

這個心願的具體成果，便是這本書。

我不是神經學家，也不是兒童發展專家。在撰寫這本育兒書時，對於分析科學數據、轉化成疲於育兒的父母也能輕鬆閱讀的文章上，過去十五年的記者經驗幫了我很大的忙。

我也在書中分享許多自己的育兒經驗。雖然都是常見的小故事，但我希望可以藉著這些告訴大家，「帶小孩雖然很辛苦，卻充滿歡樂與笑聲。」

本書的重點，主要放在六歲以前的時期，因為**這是人生當中變化最大的時期**。動作、語言、情緒、運動能力——這些對三十和三十一歲來說都沒有差別。不過，如果是一歲的幼兒和兩歲的孩童，每天的變化都令人目不轉睛。因為九成的大腦能力，會在出生五年內獲得發展。

因此最初的幾年是關鍵。這個時期，父母應該**為孩子將來的成功做好準備**。這個階段的所學，即便孩子六歲以後，都能繼續活用。

本書提到的主題——愛、語言、生活習慣、遊戲、關係、管教、活動、放慢腳步——無論是兩個月或兩歲、五歲、十五歲，甚至是五十歲，只要活在世上的一天，這些都是最重要的事情。

本書內容皆以實驗和研究數據為基礎。包括文中沒有註記出處的資料在內，所有參考資料都彙整在本書的官方網站上（www.zerotofive.net）。

我在篩選研究資料時，已經預測了各種「變數」，並盡可能排除偏頗的答案。因此對讀者來說，**沒有比這些更嚴謹且具參考價值的資料了**。

「真正重要的事」只有幾個重點

只不過，社會科學研究要成為適用於每個人的真理，幾乎不可能。舉例來說，如果想知道「讓學齡前幼兒學習音樂是否有助於提升智力」，通常都會採取所謂的「隨機對照試驗」（randomized controlled trial，RCT）。

先讓半數隨機挑選的孩童接受音樂課程（實驗組），另外半數則沒有（對照組）。課程結束之後，針對兩組孩童進行認知測驗。不過，這樣得到的結果，可信度有多少呢？

這裡的變數包括了「研究人員設定的試驗孩童人數」、「孩童挑選的音樂課程類型」、「指導老師」、「課程時間」、「孩童練習的頻率與投入的熱忱」、「中途放棄的孩童人數」、「課程結束到測驗的間隔時間」、「測驗內容」、「影響結果的潛在因素（父母的收入和智力程度）」等。

除了分析人員排除了多少以上變數，以及測驗結果和過去研究的可信度對照之外，還有許多其他因素都值得考慮。

因此，即便研究結果不斷獲得證實，也不表示一定符合自己的孩子。**就算某個研究指出「嬰幼兒每日必須要有十四個小時的睡眠時間」，但實際上有的孩子只要十一個小時就足夠，也有孩子必須睡上十九個小時才行。**最終研究結論都是依照統計取其「中間值」，因此自然不適用於某些孩子。

每個孩子都有獨特的個性。同樣的，每個父母也都不盡相同。

有些人依照建議去做，結果卻不如預期；有些人雖然完全不理會建議，最後卻得到期望的結果。要想知道建議對自己的孩子是否有用，唯一的方法就是實際去嘗試。

從這個意義來看，本書就像是一本「指南」。各位可以從中選擇自己認同的方法進行，或是對照確認自己現在的方法是否恰當。

各位不必完全遵照書中的所有建議。**有了孩子之後，凡事請盡量放鬆心情**。

育兒真正重要的重點，其實很簡單。

那就是和孩子在一起的時候多給予關心；多和孩子聊天；管教孩子的態度要溫柔而堅定；給孩子充分的擁抱。還有，讓孩子有充足的睡眠。

這些祕訣，全都寫在本書中。希望本書可以協助各位建立基礎，教養出「完美的孩子」——**聰明快樂、擁有良好社交能力、情緒穩定、品性端正、充滿好奇心、備受愛護的孩子**。

祝福各位（還有我！）。

崔西

現代科學證實絕對有效！

55個提升智力強化身心靈的最佳育兒指南

CONTENTS

前言——一本彙整所有育兒階段「真正重要的事」的指南 3

CHAPTER1

愛
——安全感有助於促進孩子「大腦」成長

1 孩子會分辨「什麼事可以做、什麼事不能做」
——孩子擁有「獨特的厲害能力」 24
2 滿足孩子最大的需求「安全感」
——在最安全的環境下培養孩子健全的「壓力反應」 29
3 給予孩子能夠放鬆的「氣味、聲音、動作」
——讓孩子冷靜下來的方法 32
4 「觸摸」的驚人效果
——邊唱歌邊按摩，寶寶最開心 37

5 透過「模仿」強烈激發大腦能力
——孩子擁有「獨特的厲害能力」 41

6 給予孩子笑容、擁抱和鼓勵
——習慣惡作劇引發關注，全是因為父母「關心」不足 45

7 和孩子一起「做家事」
——把做家事變成「令人期待」的時間 46

CHAPTER2

語言

——豐富的語言有助於提升孩子的智力

8 用高音頻、緩慢的「媽媽語」和孩子說話
——每個孩子都有熟悉的「說話方式」 50

9 三歲之前「語言刺激」愈豐富，孩子智力愈高
——每一次和孩子說話，都能讓孩子變得更聰明 53

10 **為孩子「唸故事」以刺激大腦**
——培養孩子「愛看書」的習慣，父母可以做的事 62

11 **讚美孩子不要說「你好棒」，要說「你很努力」**
——發展孩子「努力能力」的讚美方法 69

12 **透過「寶寶手語」快樂和孩子對話**
——從小培養孩子的「溝通能力」 79

13 **設定「外語」遊戲日**
——「兩種語言」可促進孩子的大腦發育 85

CHAPTER3

生活習慣
——提升「記憶力」與「專注力」的飲食和睡眠

14 **充足的睡眠有助於提升「記憶力」和「專注力」**
——瞭解睡眠週期，哄睡變得更輕鬆 92

15 不要馬上上前關心，養成寶寶「自己睡覺的能力」
——就算哭了也不必非得「關心」不可 97
16 「放任寶寶夜啼」真的可以嗎？
——只要事先決定好安撫時間就沒關係 101
17 「午睡」可促使大腦和心靈發展
——睡眠不足會影響課業成績 105
18 不要催促孩子，利用「睡前儀式」讓孩子進入狀況
——叫孩子「快點睡！」沒有用 108
19 哺餵「母乳」與持之以恆的訣竅
——餵母乳值得一試 112
20 相信孩子「不想再吃」的意願
——培養孩子「肚子餓」和「吃飽」的感覺 117
21 增加上廁所的「機會」
——戒尿布的妙招 121

CHAPTER4

遊戲

——磨練「思考力」和「創造力」的快樂方法

22 **讓孩子「直接」接觸各種物品**
——讓孩子透過手口體驗各種刺激 128

23 **「簡單的東西」更能促進大腦發展**
——讓孩子玩運用想像力的東西 130

24 **音樂的神奇「作用」**
——音樂是可以豐富人生的「珍貴禮物」 133

25 **「玩具」被別的小孩拿走了？**
——發展孩子「主動助人的情感」 138

26 **發展孩子「智力」的遊戲**
——各種既有效又非常好玩的遊戲 144

27 **透過角色扮演遊戲鍛鍊「大腦」**
——提升孩子「思考能力」的方法 154

CHAPTER5

關係——親子間的交流能強化孩子的「身心靈」

28 發展創造力的九大方法——今後時代必備的重要能力 161

29 隨時回應孩子的「為什麼」——不要覺得厭煩，讓孩子的「好奇心」徹底發揮 165

30 不要什麼事都「自己來」——學會放輕鬆「請求協助」 170

31 用「同理心」對待另一半和孩子——一點小改變，就能讓身心變得更健康 173

32 多說「正面語言」——可以建立良好關係的家庭，與終將崩壞的家庭 177

33 瞭解孩子「天生的個性」——以適合孩子個性的方式育兒 181

CHAPTER6

管教

——與其斥責孩子，不如透過規定學會「能力」

34 **每星期舉行一次「二十分鐘的家庭會議」**
——有「說話的機會」，就能預防問題發生 190

35 **別在孩子面前使用「手機」**
——「交談時看著對方的眼睛」可以提升孩子的溝通能力 194

36 **兩歲之前「盡量」別讓孩子看電視**
——電視會減少親子之間的對話 198

37 **兩歲之後可多「利用」電視**
——根據標準選擇「優質節目」 203

38 **將看螢幕的時間當成「親子交流時間」**
——減少看螢幕時間的祕訣 212

39 **提升孩子的「自我解決能力」**
——協助孩子「克服困難」 219

40 最有效的管教是「溫柔」而「堅定」
——育兒要以「民主型」為目標 224

41 向孩子宣告「規則」
——父母規則動搖，所以孩子才會感到混亂 231

42 當孩子不聽規勸時？
——先讓孩子理解父母的感受 238

43 為情緒命名
——練習控制激動的情緒 242

44 用「教」取代責罵
——讓孩子不再做出違規行為的祕訣 248

45 用想像「後果」取代處罰
——讓孩子正確學習到「嘗到苦頭」的後果 259

46 一開始就不要讓孩子做「不可以的事」
——並非壞孩子做壞事，只是父母準備不足罷了」 264

47 透過每天的例行行程發展孩子的「主動力」
——在固定的時間做固定的事 270

CHAPTER7

活動

——活動可以使「大腦」變得更「健康」

48 冷靜教導孩子「自我約束的方法」
——父母抓狂毫無教育效果 273

49 以詢問孩子「還有沒有什麼其他辦法」取代「不行！」
——該留意的不是「孩子」，而是「作法」 279

50 抱著寶寶「搖來搖去」，促進大腦發展
——適當地刺激平衡感 284

51 每小時「活動」十五分鐘
——無論大人小孩都不要「坐著不動」 287

CHAPTER8

放慢腳步
——按下時間的暫停鍵，充分品味人生

52 邊走邊「冥想」
——審視「當下」，提升大腦發展 296

53 與他人比較毫無意義
——大腦根據「遺傳和經驗」有各自不同的發展 302

54 在孩子年幼時（盡量）減少工作量
——收入減少卻能快樂生活的祕訣 304

55 盡情享受「孩子給予的時間」
——盡情享受人生中最寶貴的時光 309

CHAPTER 1

愛

安全感有助於促進孩子「大腦」成長

「對寶寶的需求多多給予關注和滿足」。
這是父母可以為剛出生的寶寶所做的事情當中，
最重要的一件事。
當寶寶需要父母時，請回應孩子。
接受他的每一個笑容，每一個喃喃兒語，每一個凝視的眼神。
在他哭泣時給予擁抱，給他肌膚相親的親密接觸。

1 孩子會分辨「什麼事可以做、什麼事不能做」

——孩子擁有「獨特的厲害能力」

認同孩子的「超高能力」

寶寶的大腦一天二十四小時從不休息，時時刻刻都在運用與生俱來的認知能力，不停地反覆進行假設和試驗。

舉例來說，寶寶具備以下幾種能力：

■出生後不到一小時就會「模仿」

剛出生的寶寶雖然連自己的臉都沒見過，也不知道「臉」是什麼，**但是看到對方吐舌頭，也會學著吐舌頭**。

■懂得「避惡」

實驗中播放一段三個玩偶的影片給出生六個月至十個月大的寶寶看。在影片中，玩偶1帶玩偶2到山丘上，玩偶3卻將玩偶2推下山丘。

影片結束後，研究人員將「幫忙的玩偶1」和「搗蛋的玩偶3」拿進屋子裡給寶寶玩，**結果幾乎所有寶寶都伸手選擇了玩偶1**。

■能夠預測「接下來的行為」

出生九個月大的寶寶伸手拿東西時，大腦的運動區會進行運作。這個月齡的孩子，只要看到大人伸手拿東西的動作，就能促使自己大腦的運動區運作，做出相同動作。

當第二次再看到該名大人時，大腦運動區就會預測動作，在大人伸出手前，自己先做出伸手的動作。

■能夠依據機率做出「推測」

實驗讓出生十個月至一歲大的寶寶從粉紅色和黑色當中，挑選自己喜歡的糖果。接著讓寶寶看兩個瓶子，裡頭分別裝了許多粉紅色和黑色的糖果。

然後，研究人員在不讓寶寶看到顏色的情況下，分別從兩個瓶子中取出糖果，放進杯子裡，蓋上蓋子。

結果發現，**八成以上的寶寶都會選擇比較可能放有自己喜歡顏色的糖果的杯子**。

■大腦會「記住」做過的事

一歲兩個月大的寶寶對於做過一次的事情，一週之後在相同情況下，可以做出相同行為。

實驗準備了一個一碰就會亮燈的箱子。先讓寶寶觀察箱子，接著研究人員抱起寶寶，將寶寶的額頭碰觸箱子。一週之後，再回到實驗室的寶寶當中，有三分之二的人會記得先前的經驗，自己上前用額頭碰觸箱子。

研究人員再拉長時間間隔進行試驗，發現有些寶寶甚至間隔四個月後都還記得。

■能夠理解「他人的喜好」

寶寶一歲六個月大之後，就會知道「他人的喜好和自己不同」。

研究人員先在這個月齡的寶寶面前津津有味地生吃著青花菜，接著再吃寶寶餅乾，露出難吃的表情。

接下來，研究人員伸手拜託孩子「請拿東西給我」。這時候，**寶寶自己雖然喜歡寶寶餅乾，卻是將青花菜放到研究人員手上**。

同樣試驗，針對年紀較小的一歲三個月大的寶寶進行，寶寶則是每次都拿自己喜歡的東西（餅乾）給研究人員。

懂得「統計」

寶寶會收集聲音、影像、語言等身邊所有環境，並各別計算發生的頻率。例如學說話時，寶寶就會利用這些統計值，來推測聽到第幾個字母可以算一個單字。

寶寶不斷在「學習」

寶寶的大腦可以**一次從許多情報中吸收知識，並釋放出大量的（遠比大人還多）神經傳導物質**。因此嬰幼兒時時刻刻都在學習。

一歲之前的寶寶就像科學家一樣，隨時不斷地在「假設」並「以世界和人類為對象進行試驗」。因此，美國兒童心智理論專家艾利森・高普尼克（Alison Gopnik）曾說過，年幼的孩子是「人類的研究與研發部門」。

孩子即使不會說也「懂」

我每天都因為「我的孩子竟然會〈做・說・記得住〉這個！」感到非常驚訝。**在孩子會說話之前，我們總是以為跟他們說話，他們也聽不懂。不過事實上孩子都懂**。

我的女兒十個月大的時候，幫她穿衣服時只要告訴她「把手穿到袖子裡」，她就會照做。我和先生每次幫她換尿布時都會說「要幫屁屁擦藥膏囉！」，後來當她開始會說話時，每次換尿布就會自己說「要幫屁屁擦藥膏！」。我們很後悔早知道以前就不要這樣說，但說出去的話已經收不回來了。

一歲八個月大的時候，有一次我為她唸喜歡的故事，最後她竟然自己唸出故事的最後一段話，嚇了我一跳。

千萬不要低估了寶寶的能力。**請各位繼續不斷測試孩子的極限**。孩子肯定會因此感激你。

2 滿足孩子最大的需求「安全感」

——在最安全的環境下培養孩子健全的「壓力反應」

大腦在安全的環境下才會成長

孩子最強烈的需求，就是「**和父母在一起的時候感到放心**」。

尤其寶寶對自己所處的環境十分敏感，只要**給他們一個安全且充滿愛、情緒穩定的環境**，就能帶來以下許多正面影響。

- 寶寶的大腦會發展出健全的壓力反應系統，能夠有效運作，在必要時減少壓力荷爾蒙（譯註：cortisol，皮質醇。人感到壓力時，腎上腺會分泌皮質醇來對抗壓力。長期處於壓力下則會造成皮質醇分泌失調）產生。
- 壓力荷爾蒙分泌正常可以避免寶寶學習和理解所需的神經迴路受損，維持心血管免疫系統正常運作。

●家人的支持有助於減緩壓力帶來的負面影響，因此父母可以**將孩子生活上的小壓力（例：「我不想穿衣服！我不要！」）轉化為「成長的契機」**。

●看到父母面對壓力時的健康態度，孩子也會學習到正確面對壓力。

經常發生激烈衝突的家庭環境，會造成寶寶的壓力反應系統受損，使得孩子要不就是隨時處於警戒狀態，要不就是對壓力的反應變得過於遲鈍。

如此一來，寶寶便無法和照顧自己的大人建立安心的依賴（情緒上的連結），日後很容易產生攻擊性或變得懶惰。

寶寶看得懂父母之間的爭吵。**即使是未滿六個月大的寶寶，也能感受到氣氛不對勁**。這將會造成他們血壓上升，心跳加快，壓力荷爾蒙皮質醇的分泌也跟著增加。

父母吵架請遵守這個「方法」

話雖這麼說，但並非夫妻絕對不能在孩子面前吵架。並非每一次父母吵架，都會對孩子的大腦發育造成影響。

和另一半爭吵時，如果可以支持對方、展露些許愛的表現（請參照177頁），孩子會知道父母有「能力和意志」，在維持家庭和諧狀態下面對衝突。

假使和另一半對立時，做出「恐嚇」、「謾罵」、「暴力」等行為，孩子的心靈也會受到創傷。

壓力反應系統會在「出生第一年」發展完成

造成寶寶壓力（皮質醇分泌增加）的主因會隨著月齡改變。

- 新生兒：只要被抱，皮質醇分泌就會增加。
- 三個月大：對於被抱不再感到壓力，但面對醫生會有壓力。
- 六個月大：對於醫生和打針漸漸不再感到壓力。
- 九個月大：和信賴的保姆獨處，皮質醇分泌幾乎不會增加。
- 十三個月大：可以在皮質醇分泌不增加的狀態下生氣。

3 給予孩子能夠放鬆的「氣味、聲音、動作」

——讓孩子冷靜下來的方法

肚子裡的寶寶隨時都聽著「媽媽的歌聲和故事」

有個實驗讓距離預產期還有六週的孕婦在安靜的環境下，朗讀繪本一部分的故事三分鐘，每天兩次，一直持續到產前。

之後，研究人員將連接機器的奶嘴給這些產下的寶寶，測定他們的吸吮方式。結果發現，一旦媽媽開始唸孕期中朗讀的故事時，寶寶會吸得特別用力；唸到沒聽過的故事時，則吸得較弱。也就是說，**寶寶比較想聽在媽媽肚子裡聽過的故事**（或熟悉的頻率和音調）。

各位的寶寶也是如此，**聽到熟悉的語言和歌曲就會感到安心**。

實驗結果顯示，剛出生的寶寶奶嘴吸得最用力。各位不妨在孩子一出生就立刻唸懷孕時唸過的故事給寶寶聽。

二十八週以前的胎兒由於尚未發展出聽力，因此沒有朗讀的必要。

「爸爸的聲音」無法傳到媽媽的肚子裡

我先生在我生產前約兩個月時，每天晚上都會朝著我的肚子唸故事給寶寶聽。不過事實上，**出生前的胎兒根本聽不到爸爸的聲音**。

胎兒只聽得到媽媽的聲音。因為媽媽的聲音會混雜著心跳聲和其他雜音，藉由體內迴響變大聲，傳到子宮內的胎兒耳裡。

雖然肚子裡的寶寶聽不到爸爸的聲音，但那段「先生和寶寶聊天的時間」，成了我們夫妻倆培養感情和關係的時間。女兒出生後，先生當初唸的故事也成了她最喜歡的睡前故事。

即便身處陌生環境，只要有「這個」，孩子就能安心

聞到「氣味」，新生兒立即停止哭鬧

新生兒離開母親身邊時的平均哭鬧秒數。
比較「有」和「沒有」羊水氣味的差別

新生兒會因為各種原因哭鬧。肚子餓、脹氣、想睡覺、太熱、太冷、尿布濕了……不過有些時候，這些原因都排除了，孩子卻還是因為不明原因哭鬧。事實上有個方法，雖然無法每次奏效，但**可以使哭鬧的寶寶感到安心而停止哭鬧**。重點有以下三點：

■①藉由媽媽的「氣味」使寶寶安心

有個觀察寶寶哭鬧方式的實驗。在出生半小時便離開媽媽身邊一個小時的寶寶當中，聞到媽媽「羊水氣味」的寶寶，哭鬧時間不到三十秒。沒有聞到氣味的人，則會持續哭鬧超過兩分鐘。

除了羊水以外，其他氣味也能使新生兒感到安心，例如「媽媽的氣味」。**胎兒七個月大**

之後就能分辨媽媽的氣味，不僅是體味，甚至包括每天晚上擦在肚子上的乳液味道（我個人推薦的是歐舒丹的杏仁美膚油）。出生後沒多久，也會漸漸對「爸爸的氣味」感到熟悉親切。

抽血用針刺寶寶的腳踝時，**只要讓寶寶聞到安心的氣味，就能減緩哭鬧和生氣的情況**。對母乳寶寶而言，「母乳的氣味」也很有效。實驗也發現，讓寶寶聞香草的香氣也有同樣的效果。

■②藉由聽在媽媽肚子裡聽過的「聲音」，使寶寶安心

在懷孕二十八週至四十一週之間，如果媽媽經常唱歌或唸故事給胎兒聽，寶寶出生後，父母可以用這些歌曲和故事來安撫寶寶。

■③藉由習慣的「動作」使寶寶安心

寶寶哭鬧時，媽媽不妨將他緊抱在懷裡散步，讓寶寶感受到熟悉的韻動。

安撫哭鬧孩子的方法

寶寶出生後的前三個月又稱為「第四妊娠期」。比起其他靈長類，人類的寶寶應該在媽媽子宮裡待得更久，不過後來卻演變為趁頭部可以通過產道時就早早來到這個世界。

在這個階段，新生兒為了適應子宮外的生活，一般認為最好的方法就是**營造和子宮內相似的環境**。

美國小兒科醫師哈維・卡爾普（Harvey Karp）曾提出使寶寶安心的「5大妙招」。

〈妙招1〉包巾

〈妙招2〉側躺或趴睡

〈妙招3〉噓聲

〈妙招4〉搖晃

〈妙招5〉吸吮

詳細內容請參考哈維・卡爾普的著作《快樂寶寶好好睡，新手媽媽不崩潰！》（The Happiest Baby Guide to Great Sleep）一書。

4 「觸摸」的驚人效果

——邊唱歌邊按摩，寶寶最開心

肌膚接觸可減緩「壓力」

寶寶剛出生的前幾個月，父母可以盡量增加肌膚接觸的機會，藉此讓寶寶開心。充滿愛的肌膚接觸，對於**寶寶發展認知能力和促進情緒安定**十分重要。透過觸摸，可以促進寶寶的大腦釋放神經傳導物質，使神經系統冷靜，進而降低皮質醇，也就是壓力荷爾蒙的產生。

也就是說，**肌膚接觸可以使寶寶的大腦發送出「安心」的訊號**。

可怕的是，好幾天沒有任何肌膚接觸的寶寶，會變得眼神放空，呆望著前方。這時候的寶寶壓力反應系統已受損，連帶地將引發各種負面影響。

肌膚接觸的技巧

寶寶剛出生的幾週，父母肯定都忙於哺乳、拍嗝、哄睡、打理大小便，以及守護寶寶的生命。即使如使，一天當中應該還是會有事情暫時告一段落、不曉得該做什麼的時間。

這種時候，與其將寶寶放在安撫搖床上看電視，不如和寶寶做點「肌膚接觸」吧。

■肌膚與肌膚直接接觸

將僅包著尿布的寶寶，放在媽媽或爸爸赤裸的胸前。在床上也是一樣方法。在室內可以赤裸著上身哺餵母乳，用自己的肌膚溫暖寶寶。會冷可以用毯子將寶寶整個包住。替寶寶抽血或打針時也一樣，**只要將寶寶抱緊或直接肌膚接觸，都能減緩寶寶的壓力**。

■隨時擁抱

外出購物或散步時，可以用柔軟材質的背巾或三角背巾，將寶寶緊靠在自己身上。嬰兒車等到日後外出用品變多、寶寶長大變重時再使用。

■每天按摩「八分鐘」

每天按摩八分鐘的四個月大寶寶，可以發現以下特徵：

- 「心情」很好
- 「不安全感」和「壓力」很少
- 「專注力」很高
- 「睡眠模式」很穩定

而且我認為在媽媽身上也能看出這些效果。

替寶寶按摩首先要從背部開始，接著是腹部。力道要拿捏得恰到好處，太輕也不行。寶寶按摩原本是印度的傳統習慣，媽媽會將自己的腳伸直，讓寶寶躺在上面，以溫熱的按摩油用力為寶寶按摩（可參考網路相關影片）。

按摩時**不妨可以跟寶寶說話或唱歌，以笑容面對寶寶**。沉默、冷淡的按摩只會增加寶寶的壓力。如果寶寶對按摩的反應看似不喜歡，可以調整按摩的方式或力道，或者下次再嘗試。說不定寶寶只是當下想休息而已。

研究數據報告

袋鼠護理法的優點

先讓早產兒和媽媽每天持續嘗試肌膚直接接觸的袋鼠護理法（kangaroo care），接著針對該孩童從六個月至十歲之間的成長過程進行調查。結果發現，比起在保溫箱裡長大的孩子，透過袋鼠護理法長大的孩子**壓力反應較良好，睡眠模式也很穩定**。媽媽的不安也相對獲得減輕。

5 透過「模仿」強烈激發大腦能力

——孩子會配合父母的「波長」長大

孩子最喜歡被「模仿」

當寶寶做出某種行為試圖與父母互動時，父母不妨可以模仿寶寶的行為。這種「打出去的球會反彈」的交流，會成為寶寶大腦成長的基礎，可抑制壓力，提高同理，穩定情緒，而且有助於大腦發展。

寶寶最喜歡以下三件事：

「對方模仿自己的表情」

「對方以溫柔的聲音回應自己」

「對方認真凝視著自己的眼神」

不過，寶寶也需要休息。我自己的經驗是，女兒剛出生沒多久時，我將她放在遊戲墊上溫柔地跟她說話，逗她開心。不過，她卻突然將臉撇向左邊，眼神直盯著遠方發愣。

我急得連忙問她「寶寶你怎麼了？」。後來才頓時恍然大悟，**原來當寶寶受到太大的刺激時，會用以下方式表達：**

- 別過臉
- 閉上眼睛
- 試圖逃避視線
- 全身出力
- 突然哭鬧

我知道女兒肯定是想休息了，於是我稍微等了她一會兒，不再喊她的名字，也不在她面前揮手。幾秒鐘之後，她又回過頭來，恢復先前的模樣了。

「高敏銳度的育兒方式」可以建立孩子的信賴

寶寶安靜的時候，父母耐心等待；寶寶想互動的時候，父母給予回應。這就是所謂的「高敏銳度的育兒方式」。**父母可以配合寶寶的意思，留意寶寶表現出來的訊息，敏銳地做出回應**。在高敏銳度下成長的寶寶，都可以和父母建立起「可以放心依賴」的信賴關係。

經常漠視、拒絕寶寶發出的「想互動」、「想放心依賴」訊息的父母，不可能和寶寶建立任何信賴關係。因為和寶寶光是只有身體上的親密接觸，並無法培養心靈上的親密關係。

少了「父母的反應」，寶寶會變得無精打采

當媽媽和寶寶的默契一致時，身體上的反應也會一致。也就是說，**當媽媽和寶寶互相凝視的時候，兩人的「心跳差距不到一秒」**。

當父母不願意配合默契時，寶寶將感受到壓力。

哈佛大學的艾德華・特洛尼克博士（Edward Tronick）曾做過一項實驗，**讓媽媽面無表情看著想互動的寶寶**（Still Face Experiment，面無表情實驗）。

寶寶會試著開心大笑、指著媽媽的臉，甚至是不斷揮舞雙手尖叫。但媽媽仍然毫無反應。

這時候，寶寶會慢慢別過臉或哭泣，變得無精打采。即便媽媽停止假裝面無表情，重新和寶寶互動，寶寶也不願意馬上做出回應。但是一會兒之後，寶寶又會開始對媽媽產生信賴，恢復互動。換言之，**父母和寶寶之間的信賴關係就是長年透過這樣的過程建立起來（或被破壞）**。

6 給予孩子笑容、擁抱和鼓勵
——習慣惡作劇引發關注，全是因為父母「關心」不足

給予孩子「正面的關注」

以笑容面對孩子、示好、給予鼓勵，有助於營造正面的家庭環境。**孩子只要受到正面關注，漸漸就不會再發生以負面方式引發關注的行為**。

7 和孩子一起「做家事」

——把做家事變成「令人期待」的時間

「打掃」和「倒垃圾」也能很開心

和孩子一起做家事會花上非常多時間。不過不要緊，因為透過讓孩子參與父母的事情，**可以「給予孩子更多教導，增加許多聊天的機會」**。也會增加許多親子間令人懷念的重要時刻。

可以和孩子一起找朋友聚會、一起看書、一起聽音樂跳舞、一起散步，不是很美好的一件事嗎？

以下就和各位分享我為了和孩子一起做家事所採取的技巧。

■和孩子一起「下廚」

- 孩子還不會坐時，用背巾揹在身上。
- 讓孩子坐在椅子上，在客廳茶几進行，或是將椅子搬到廚房。**為孩子介紹食材，讓孩子透過觸摸和氣味認識食材**。
- 讓孩子坐在地上。將積木或廚房遊戲組擺在孩子面前，父母藉由玩具邊示範邊說明。
- 在廚房為孩子準備一張兒童專用椅。**讓孩子坐在椅子上看父母下廚，並且讓孩子幫忙丟包裝紙、將材料放入鍋中或攪拌等工作**。
- 用食物調理機製作蔬果汁。我女兒非常喜歡啃梨子、擠檸檬汁，還有看食物調理機不斷運轉的樣子。每次要按下開關按鈕時，我都會跟她說「聲音會很大聲喔，一、二、三！」，和她一起開心跳舞。

■和孩子一起「洗衣服」

- 讓孩子將髒衣服放進洗衣機。
- 和孩子邊摺衣服邊玩躲貓貓遊戲。
- 讓剛學步的孩子**將自己的衣服拿到房間**。

● 洗好的床單要鋪之前，先和寶寶躺在床上，將床單掀至半空中，感受床單翩翩落下時的觸感。

和孩子一起「打掃」

● 讓孩子幫忙。女兒從一歲六個月大開始，每次我在掃地時，她就會幫忙拿畚箕；東西打翻了她也會幫忙擦。

● 讓孩子幫忙把洗好的碗盤收好。例如我會告訴女兒：「你可以幫忙把自己的餐具收到櫥櫃裡嗎？然後再搬腳踏椅來，把湯匙收到抽屜裡。」

和孩子一起「採買」

● 最好的方式是走路去，或是搭公車。因為沿路遇到的人會跟寶寶說話，邊走還能發現有趣的事物。

● 待辦事項**「一天一件」就好**。我曾經走了八公里的路去採買，沿路看見許多事物，還碰巧遇到朋友，中途還去吃了頓午餐，最後搭公車回家。雖然只是一件採買就花了這麼多時間，但我度過了非常美好的一天。

CHAPTER 2

語言

豐富的語言有助於提升孩子的智力

各位不妨透過「豐富的語言」帶領孩子認識這個世界。
「這是石榴，顏色很漂亮吧？是深紅色喔，就像紅寶石一樣」；
帶孩子邊走邊數著階梯；
和孩子一起回想今天一整天發生的事；
和孩子分享所有的小祕密；
和孩子盡情地聊天；
每天為孩子朗讀故事。

8 用高音頻、緩慢的「媽媽語」和孩子說話

——每個孩子都有熟悉的「說話方式」

透過媽媽語讓孩子聽得「津津有味」

和寶寶說話的技巧是**抱著寶寶，將臉靠近他，以緩慢、拉長母音的方式，用高音頻和寶寶說話**。

這種說話方式稱為「媽媽語」（motherese）。**這種說話方式有助於一歲半之前的孩子更容易學會說話**，因為母音和單字都很清楚，可以讓孩子更正確地聽懂。

高音頻的語調則正好符合寶寶細小（僅大人的四分之一）的聲道可以發出的有限音域。

比起「內容」，重要的是「說話方式」

經過幾十年的研究發現，比起大人一般的說話方式，新生兒喜歡的是「媽媽語」。

- 寶寶聽到「媽媽語」時，即使是非母語，心跳也會加快。
- 寶寶五個月大的時候，**比起用一般的說話方式，聽到「媽媽語」的稱讚更容易開心，聽到「媽媽語」的提醒也會難過**。
- 要求一歲的寶寶看圖片時，**用「媽媽語」說，寶寶比較會聽**。

立刻嘗試！

各位可以試著唸雜誌給寶寶聽。用唸給另一半聽的語調來唸，觀察寶寶的反應（我女兒會用手指按住我的嘴巴，表現出不想再聽的樣子）。

接著再用「媽媽語」唸同一段內容。也就是**睜大眼睛看著寶寶，面帶笑容地唸給他聽**。

即使唸的內容是「這種時候卻突然遇到警察，簡直就是人生最倒楣的一刻……」，
寶寶也會聽得津津有味！

9 三歲之前「語言刺激」愈豐富，孩子智力愈高

——每一次和孩子說話，都能讓孩子變得更聰明

說話能提高孩子的智力

三歲之前擁有大量語言刺激的孩子，比起語言刺激少的孩子，**字彙能力和智力都比較高，學業成績也比較好**。

既然如此，語言刺激應該從什麼時候開始呢？答案是**從預產期前十週就要開始**。因為胎兒在媽媽體內就已經開始聽著回音吸收語言了。

■用「豐富的字彙」和孩子說話

和孩子說話不妨就用簡單的詞彙清楚表達。**沒有必要拘泥於寶寶的語言**，因為反正寶寶幾乎不懂任何詞彙。

與其跟孩子說「你看，那是飛機！」，請直接跟孩子說明「那是水上飛機喔。飛機上多了兩隻腳，叫作『浮筒』。因為有浮筒，所以飛機才能浮在水面上。水上飛機就是浮在水面上的飛機」（我用這種方式跟女兒說明時，她也直接「嗯～」地回應我）。

■用「正面的詞彙」和孩子說話

用鼓勵的方式跟孩子說話吧。舉例來說，以下哪一種說法可以激勵孩子，相信各位應該看得出來。

「你要倒水嗎？啊，不小心灑出來了！要把杯子擺好很難對吧。沒關係，我們再試一次。用手扶住這裡……」

「媽媽來就好，你不用倒沒關係。你倒會灑出來。」

正面的說話方式，訣竅有以下三點：

①將孩子的話改用另一種說法「重複說一遍」

「球！對、沒錯，○○正在玩球。」

②給予「正面的回饋」

多使用「厲害」、「對、沒錯」等說法，盡量不要用「不行」、「不可以」、「笨」等說法。

③不要用命令的方式，而是「客氣地拜託」

例如「你可以幫我～嗎？」「你會～嗎？」等。

當孩子主動幫忙時，也要跟孩子說謝謝。

直接和孩子對話

只讓孩子在一旁聽著大人對話，對孩子的字彙及語言能力幫助並不大。播放CD和影片也是一樣。**人的大腦會透過直接面對面的互動受到刺激**，而且這種傾向非常強烈明顯。因此，與人實際互動的多寡，會深深左右著語言學習的成果。

時常和孩子對話

經常對話的孩子，大腦愈是活絡。多帶孩子外出，與他人接觸，都可以藉機為孩子說明事物，幫助他認識新事物。

與「新生兒至學坐期寶寶」說話

對著不會答話的對象不停地說話，想必感覺肯定有點奇怪，不過久了就會習慣了。

■唸讀

唸報紙新聞對父母來說，也可以順便瞭解時事（小心別讓寶寶扯破報紙、放進嘴裡了）。

■為孩子說明接下來要做的事

寶寶擁有超乎大人預期的理解能力。在準備做什麼事或外出時，不妨可以先跟寶寶說明。

例如「要換尿布囉。媽媽會用濕紙巾幫你擦喔。把腳抬高……好了，放下來吧」、「媽媽幫你戴帽子喔。我們一起去散步吧」、「今天奶奶會來看你喔」等。

■ **聊聊自己的一天給寶寶聽**

父母可以跟寶寶聊聊自己當天做的事、看到的東西、心裡想的事和感覺。這時候說話的「內容」不是重點，重要的是面帶笑容、看著寶寶的眼睛說，並不時搔癢逗弄寶寶。

聰明和孩子說話的「訣竅」

■ **摺衣服的時候**

「太好了，襪子找到兩隻腳了。兩隻腳都找到了！把襪子往上捲，然後反摺包起來，這樣就不會不見了。這樣就好了。」

「這件床單摸起來好暖和、好舒服喔！（將床單蓋在寶寶頭上）〇〇在哪裡呢？（掀開床單）啊、找到〇〇了！」

■ **散步的時候**

告訴寶寶當天的目的地，並為寶寶說明沿路看到的景色。

■幫寶寶穿衣服的時候

「嗯，今天要穿哪一件衣服呢？我喜歡這一件。要幫你穿囉。（當寶寶要跑掉時）來，你這隻小魚，還沒好喔（邊說將寶寶抱過來，親吻他一下）。先穿過左手，再穿過右手，穿好了。哇啊，好可愛啊，你真是個可愛的寶寶！」

■泡牛奶的時候

「瓶蓋。奶粉。熱水。蓋起來。搖搖搖！」

與「蹣跚學步的孩子」說話

當孩子比較大、活動能力比較好時，和孩子說話會變得比較簡單輕鬆，也會比較自然了。

■「實況報導」孩子正在做的事

「○○把抽屜打開了。關起來了。打開。關起來。打開。關起來。好厲害！他把抽屜拉開。把抽屜推回去。拉開。推回去。拉開。推回去。啊，是筆。〇〇在抽屜裡找到一支筆了。啊，他把筆蓋拔開了。來給我，媽媽先幫你保管。」

■針對孩子「感興趣的事物」做說明

「對，那是爸爸的安全帽。安全帽。戴在爸爸頭上的東西。把扣帶緊緊扣住下巴，這樣就可以安全地騎單車了。」

■從單字組成「句子」

「鍋，蓋。這叫鍋蓋。蓋在鍋子上的東西。媽媽把鍋蓋蓋在鍋子上。〇〇可以幫忙把鍋蓋蓋在鍋子上嗎？」

當孩子開始學說話時，這方面的互動會變得十分有趣。而且可愛到令人無法抗拒。不管父母說什麼，孩子都會馬上模仿，因此不妨可以教些希望他學會的話。

三歲之前的「單字量」決定了孩子的字彙能力

任職於貧困階級孩童就讀幼兒園的老師貝蒂・哈特（Betty Hart），曾經用盡各種方法試圖提升四歲孩童的字彙能力，可是結果卻無法如願。

最後，她和堪薩斯大學的碩士指導教授雷德・瑞斯利（Todd Risley）共同提出了一項研究結論——**孩童一旦到了四歲，要想提升字彙能力已經來不及了**。

哈特與瑞斯利兩人為了找出原因，開始針對四十二個家庭進行追蹤調查。他們花了兩年半的時間，以每個月一小時的頻率，錄下每個家庭的所有對話。

錄音內容共計有一千三百個小時，光是聽寫就花了六年的時間。

哈特與瑞斯利在分析富裕的父母和貧困階級的父母與孩子的對話差異過程中，**透過各種角度來研究「對話品質」**。包括是否混合使用名詞和動詞？字彙程度？較多正面對話或負面對話？

結果發現，**其中最令人玩味的變數為「單字量」**。

- **接受社會救助的家庭，孩子聽到的單字量為每小時「平均六百個字」**。

父母任職專業工作的家庭，孩子聽到的單字量為每小時「兩千一百個字」。

- **父母任職專業工作的家庭，孩子四歲之前聽到的單字量為「四千八百萬個字」**。

貧困階級家庭的孩子則為「一千三百萬個字」。這不僅使得貧困階級的孩子字彙能力和對話能力發展較慢，日後也會影響到學習能力。

- **從孩子三歲時的語言能力，可以推測出九至十歲的語言能力**。

每天讓孩子聽「兩萬一千個單字」

要想培育出字彙能力強、智力高、成績表現優異的孩子，該讓他聽多「大量」的單字才夠呢？

根據研究，達到這個目標所需的單字量為每天兩萬一千個單字。平均每小時兩千一百個單字。是否覺得相當困難呢？最初我也這麼認為。

不過，每小時兩千一百個單字，這個數量並非多到必須片刻不休地不斷對孩子說話才能達到。**事實上，這不過只是大約每小時說話十五分鐘的數量而已**。

10 為孩子「唸故事」以刺激大腦

——培養孩子「愛看書」的習慣，父母可以做的事

孩子年紀不同，父母「唸故事」的方式也要改變

唸故事給孩子聽不能只是「唸出書上的字」。

■比起唸故事，重要的是讓孩子接觸「書本」（未滿六個月）

針對這個階段的寶寶，父母可以挑選堅固的硬頁書（硬厚紙做成的書）來唸給孩子聽。**即使寶寶將書拿起來啃也別在意**。

父母也可以唸自己想看的雜誌或小說。這樣不僅可以讓寶寶接觸語言，同時父母也能擁有自己的時間。

■針對「照片」和「圖片」做說明（六個月至一歲）

父母可以問寶寶「黃色的花在哪裡？」，讓寶寶在書上指出答案。**也可以讓寶寶邊看邊觸摸紙張的觸感**。這個階段的孩子對故事內容不會太在意，所以即使最後故事沒唸完也沒關係。

■以充滿魅力的方式「唸故事」，引發孩子的興趣（一歲至一歲半）

唸故事時可以改變聲音，加上身體和手勢的誇張動作。例如唸到蜜蜂飛舞的段落時，可以發出「嗡」的聲音靠近孩子親吻一下。或是配合故事主角的動作，用手指在孩子肚子不停變換速度爬行。

持續每天為孩子唸故事吧。**即使一天只有五或十分鐘都可以**。

等到孩子一歲半、開始慢慢會說話時，唸故事的方法就要跟著改變。

■鼓勵孩子自己「看讀」（一歲半至三歲）

在持續反覆唸同一本書的情況下，父母可以慢慢減少自己唸的部分，盡量讓孩子多唸一些。父母可以指著書上的東西教孩子名稱，接著再問孩子問題。研究顯示，**以這種孩子共同參與唸故事的方式持續進行十五週，將有助於提升孩子的口語表達能力**。

發展語言能力的「四大方法」

紐約州立大學石溪分校的葛洛佛・懷赫斯特博士（Grover Whitehurst）在主持的「石溪大學閱讀與語言計畫」（Stony Brook Reading and Language Project）中，提出了促進幼兒語言能力發展的四個方法，並取其字首，彙整出一套「PEER」技巧。

① 鼓勵（Prompt）

讓孩子針對書中內容做出表達。例如指著書上的鳥兒問孩子「這是什麼？」。

② 回應（Evaluate）

回應孩子的答案。例如當孩子回答「小鳥」時，父母回應「答對了！」。

③ 擴充（Expand）

透過改變說法或增加資訊來擴充孩子的答案。例如告訴孩子「這是鴿子喔」。

■④重複（Repeat）

請孩子重複擴充的資訊。例如要求孩子「來，你說說看，『鴿子』」。

當孩子開始會說話時，就可以直接問孩子東西的名稱。例如「這是什麼？」。

接著再針對「何時」、「何處」、「為什麼」詢問孩子，最後是「做什麼」。例如「月亮是什麼時候出現的呢？」「動物們都到哪裡去了？」「這隻狡猾的大猩猩正在做什麼呢？」。

一旦孩子回答得出這些問題，接下來就能問些可以自由回答的問題。例如：「在這個畫面裡，發生了什麼事呢？」

根據懷赫斯特博士表示，一本書只要和孩子讀過一兩遍，幾乎每一頁都能套用「PEER」的技巧來與孩子對話。

立刻嘗試！

各位可以挑選一些文字較少的繪本。例如非常受歡迎的繪本《晚安，猩猩》（Good Night, Gorilla，佩琪・芮士曼〔Peggy Rathmann〕著），每一頁除了「晚安」以外，幾乎沒有其他文字。或者是像《海底來的祕密》（Flotsam，大衛・威斯納〔David Wiesner〕著），整本完全沒有任何文字。利用這些繪本，和孩子一起針對圖像創作故事吧。

比起唸故事，更重要的是過程中的「對話」

■利用故事和孩子進行「語言遊戲」（一歲半至三歲）

建議挑選押韻等具備語言遊戲元素的故事。唸給孩子聽的時候可以稍微停頓，讓孩子唸出句子的最後一句。

■讓孩子朗讀（四歲至五歲）

當孩子唸錯時確實糾正，給予孩子誠實的評價。如此將有助於明顯提升孩子的「識字能力」、「語言流暢度」和「理解能力」。**無論孩子是否擅長看讀，持續練習一定可以看到效果**。

■**將故事情節與現實結合（四歲至五歲）**

「我們昨天有看到這種船，你還記得嗎？」「你也有過這種煩躁的感覺，是不是？」

■**邊唸邊針對內容向孩子提問（四歲至五歲）**

針對孩子不懂的部分重新再唸一遍。在重新唸之前和唸完之後，針對故事的發展向孩子提出問題。例如「富蘭克林是不是想養狗呢？那時候他爸媽做了什麼事？」。也可以鼓勵孩子提出問題。研究顯示，比起唸故事，**最重要的是過程中親子間的對話**。

培養孩子「愛閱讀」習慣的方法

閱讀不只是單純的一項娛樂，事實上對人類而言，「書本」是必要之物。書本可以透過新意和可能性開啟人的心靈，為人帶來資訊情報，甚至為人生帶來光明。書本，同時也是快樂培養親子關係的一種方法。

在學習新的語言時，沒有比閱讀更有效的方法。**光靠對話，並無法獲得如閱讀帶來的字彙能力**。許多孩童適讀的書，內容使用的字彙數量，都是大學程度的大人平時對話字彙的兩倍之多。

擁有字彙能力，課業上的理解能力也會跟著提升。**因為比起「字彙含意」，閱讀時花在理解「內容」的時間更多**。

想要培養孩子「喜愛閱讀」（課業以外每天閱讀二十分鐘）的習慣，方法就是從小多和孩子說話，多唸故事給孩子聽。

然而，在最小的孩子不滿五歲的家庭當中，會每天唸故事給孩子聽的父母，僅僅只有六成。對於雙薪家庭或是有兩個小孩以上的家庭來說，現實情況是，要想每天唸故事給孩子聽實在很難。

這時候有個方法可以營造為孩子唸故事的時間，**那就是關掉電視**（詳細內容請參照211頁）。

11 讚美孩子不要說「你好棒」，要說「你很努力」

——發展孩子「努力能力」的讚美方法

讚美「過程」有助於培養孩子的「挑戰能力」

父母對於孩子的表現感到佩服時的讚美方法，可以分為以下三大類：

①「你跑得很好耶！」（讚美焦點放在孩子的努力、計畫或行為上）
②「你跑得很快耶！」（讚美焦點放在與生俱來的能力上）
③「好厲害！」「哇！」（以上兩大類以外的讚美方法）

在這當中，哪一種讚美方法對於培養孩子的學習和挑戰能力最有效？

答案是①。也就是**「讚美過程」**。

即便孩子年僅一歲，這種方法同樣可以看見效果。

養成孩子「耐心」的讚美方法

史丹佛大學的卡蘿・杜維克教授（Carol Dweck）從一九六〇年就一直持續針對「動力和耐心」進行研究。她在一篇《科學人》（Scientific American）雜誌的投稿中提出了以下疑問：

「為什麼面對困難時，會有放棄的學生，以及能力相同但堅持不懈、擁有學習企圖的學生之分？」

杜維克研究結果發現，這**兩者的差異就在於「看待辦不到的理由的態度」**。

例如：為什麼這題數學解不出來？為什麼這首曲子彈不好？

看待這些理由的態度，與幼時受讚美的方法有很深的關係。

一般來說，孩童可以分為以下兩大類：

- 認為成功來自於與生俱來的才能和聰明才智（定型心態）
- 認為成功來自於不斷努力的成果（成長心態）

■逃避挑戰的「定型心態」

定型心態（fixed mindset）的孩子深信天生的智力永遠不會消失（mindset 意指思考模式），認為「需要努力是因為沒有才能」、「有才能自然就會」。**這類型的孩子一旦失敗就會感到絕望**，認為自己沒有才能、頭腦不好。而且因為擔心被視為沒有能力，因此會選擇逃避挑戰。

引導孩子養成「定型心態」的因素，是**「讚美才能與人格」**。

■喜歡努力的「成長心態」

成長心態（growth mindset）的孩子相信才智來自於努力，愈努力就會愈聰明。這類型的孩子，即便是天才，也認為自己必須努力。相信一旦受挫，只要花更多時間和努力，就能重新站起來。

比起被視為有能力的孩子，他們在乎的是學習本身，**遇到困難同樣會堅持不懈地去**

面對。

引導孩子養成「成長心態」的因素，是**「讚美過程」**。

「心態」在四歲便已定型

一個人的心態屬於何種，在四歲時就已決定。卡蘿．杜維克在著作《心態致勝：全新成功心理學》（Mindset：The New Psychology of Success）中，提到一個十分有趣的實驗。

「找來幾個四歲孩童，讓他們玩簡單的拼圖。接下來讓他們自己選擇要再一次玩簡單的拼圖，還是挑戰難度更高的拼圖。結果，**定型心態的孩子都做出了安全的選擇**。而那些都是表明『聰明的孩子不會錯』的孩子。」

當孩子開始上學，甚至將來進入社會工作之後，也絕對會**受到幼時深植大腦的心態強烈影響**。

知道賺到！

開始學走路時，比起女孩，男孩更常被讚美「過程」。在這個階段的孩子聽到的讚美當中，男孩聽到對於過程的讚美約有24％，女孩則僅有10％。

孩子的說詞

■定型心態

「面對課業，我最想做的是證明自己辦得到。」

「老實說，面對課業時，我覺得自己並不是很聰明。」

「這一科只要我學會了，就不想再修了。」

■成長心態

「比起考最高分，上課時學習新事物更重要。」

「付出多少努力，就有多少收穫。」

「從今天開始，我要試著在這個科目努力看看。」

（Copyright Mindset Works, Inc., mindsetworks.com）

研究數據報告

提高孩子「動力」的說法

孩子的心態究竟從何而來？

史丹佛大學的卡蘿．杜維克教授將小學五年級的孩童隨意分為兩組進行智力測驗。

面對第一組的孩子，她的讚美法是「考得很好耶。**你真聰明**」。對第二組則是說「考得很好耶。你很努力喔」。

接著，她持續讓孩子進行測驗。結果發現，**努力受到讚美的孩子在面對選擇時，會希望能夠挑戰有難度的測驗**。這類型的孩子喜歡不斷感受到學習動力，即使面對更難的問題，也能擁有自信。

另一方面，被讚美聰明的孩子則會選擇簡單的測驗。一旦問題難度增加，便會喪失自信。如果讓他們自己計算分數，甚至會出現虛報的情況。

杜維克及其他史丹佛大學和芝加哥大學的研究人員接著走出實驗室，開始針對孩童進行家庭調查。他們花了兩年的時間，針對五十三個家庭，每四個月錄下一段長達九十分鐘的日常生活錄影。開始研究時，這些孩童年僅一歲兩個月。

研究人員根據這些錄下的影像，計算出父母使用的讚美語言中，「讚美過程」、「讚美才能」、「其他」分別所佔的比例（研究人員沒有事先告知這些父母這是針對讚美語言的研究，只說是為了研究孩童的語言發展能力）。

調查進行了五年之後，研究人員針對這些年齡來到七、八歲的孩子進行挑戰動力與學習動力的調查（例：「如果要玩迷宮遊戲，你想不想玩高難度、可以學到很多東西的迷宮？」）。**結果發現，成長心態的孩子比較喜愛接受挑戰。**

不僅如此，這些擁有成長心態的孩子，在剛開始學步時都曾受到父母對於他們努力「過程」的讚美。

培養成長心態的「兩大方法」

■讚美孩子的努力

「讚美努力」會讓孩子知道自己必須努力。其實，我自己對於女兒的行為感到佩服時，也會直覺地說出「哇，你好厲害！」等讚美能力的話。

有這種反應的父母，並非只有我。根據杜維克教授的調查，85%的父母都同意，「當孩子做得好時，為了讓他覺得自己很棒，必須針對孩子的能力給予讚美。」杜維克教授認為，這種想法正是多數父母（甚至包括成長心態的人）讚美孩子才能的原因。

「讚美孩子的努力，而非他的才能。」各位也跟我一起大聲提唱吧。

發展「成長心態」的說話方法

	多對孩子這麼說！ 讚美「過程」	少對孩子這麼說！ 讚美「才能」
幼兒	「跑得很好呢！」	「你跑得很快耶！」
幼兒	「你很努力喔」	「你真聰明」
幼兒	「謝謝你安靜下來」	「乖孩子」 「不愧是哥哥」
幼兒	「你畫得很好耶！」	「你很有畫畫的天分耶！」
小學以上	「你做得很好！」	「你頭腦真好！」
小學以上	「這對你來說可能太簡單了。來試試難一點的吧」	「你有這方面的天分呢」
小學以上	「這個問題你處理得很好呢！」	「太厲害了，沒念書竟然還能拿到 A」

其他

不屬於以上兩者的「太厲害了！」「你辦到了！」等讚美的說法，雖然沒有研究顯示會對孩子的心態造成影響，但的確具有鼓勵的效果。

（摘自卡蘿．杜維克的研究）

大腦訓練

各位要教導孩子一個觀念：「大腦就和肌肉一樣，愈常使用，愈能獲得鍛鍊。」

鍛鍊大腦的方法包括「練習技能」，以及「學習新事物」。

改造大腦幾歲都不嫌晚。案例顯示，即便是已經擁有定型心態的國中生或大學生，只要教導他們這個道理，成績都能有所改善。

12 透過「寶寶手語」快樂和孩子對話
——從小培養孩子的「溝通能力」

試試「寶寶手語」吧

不會說話的寶寶表達需求的方法都是透過「寶寶手語」（baby signs）。

首先，父母可以先記住幾個和寶寶相關的手語，並教導寶寶怎麼做。例如，「牛奶」的手語是像擠牛奶一樣的手勢；「還要」是兩手手指互敲。

只要學會這些手語，**寶寶在開始說話前的好幾個月，就能表達自己的需求**。

寶寶的牙語雖然很可愛，但是對媽媽來說卻完全聽不懂。這時候，寶寶也可以透過手語來協助媽媽瞭解自己的需求。

可大幅減少寶寶的「焦躁」和「問題行為」

一旦可以和大人溝通（需求獲得瞭解），寶寶哭鬧和鬧脾氣的時間將會大幅減少。

研究人員認為，使用寶寶手語**可以有效防止語言發展遲緩相關的問題行為產生**。尤其對於有發展障礙和感覺障礙的孩子更是有效。

有一派說法認為，學習寶寶手語會延緩寶寶開始學說話的時間。不過，目前並沒有任何研究數據可以證明有此關聯。

「嚴格」和「寬鬆」兩種教法

雖然很多書都有寶寶手語的相關介紹，不過當初我是和朋友一起去上了寶寶手語的講座。當時學到的手語包括食物和動物、「媽媽」、「爸爸」、「好熱」、「好冷」、「肚子餓」、「口渴」、「還要」、「做好了」、「玩」、「睡覺」、「痛」、「哪裡」、「拜託」、「謝謝」等。

寶寶六個月大之後，只要經過約六週的訓練，就有可能學會寶寶手語。不過，我女兒當初花了更久的時間才學會。與其說是「訓練」，我們採取的方式就像「遊戲」一樣，在回應她時順便打手語。

希望以研究人員的方式教寶寶打手語的人，可以透過以下「操作制約」（譯註：operant conditioning。美國哈佛大學心理學教授史金納〔B. F. Skinner〕於一九三八年所提出。他透過史金納箱試驗，將飢餓的老鼠放至箱中，老鼠在亂竄的過程中誤觸壓桿，食物隨即掉出。老鼠經過數次嘗試，得知觸動壓桿會有食物掉出的道理之後，便會出現不斷觸動壓桿的行為）的理論來訓練。

舉例來說，在點心時間拿出切好的梨子，先拿一片給寶寶，並打出「梨子」的手語。接著依照以下步驟進行：

①拿出第二片梨子，靜待五秒鐘，等寶寶打出手語。
②寶寶如果打不出手語，父母則為寶寶示範。接著再靜待五秒鐘，等寶寶打出手語。
③寶寶如果還是打不出手語，父母則牽著寶寶的手打手語，再將梨子給寶寶。最後父母再一次打出手語。
④重複以上步驟繼續進行（研究人員每回會進行五分鐘，一天進行數回）。

一旦寶寶會自己打出手語，父母就將梨子給寶寶，並稱讚他「對、沒錯！就是這樣，梨子！」。等到寶寶偶爾可以在五秒鐘內打出手語時，下一次將靜待的時間延長至十秒鐘，再下一次是二十秒。不過，這種延長時間的方法只針對步驟1。步驟2還是只等待五秒鐘，接著父母示範正確打法，再靜待五秒，讓寶寶打出手語。

我當初並沒有用這種制式的方法訓練女兒，但經過將近四個月的時間，即便我**只是隨性地教她**，最後的效果也十分顯著。看到女兒在會說話之前就會以手語表達「牛奶」、「大便」，實在令我非常感動。如果想吃我盤子裡的藍莓，她不會「嗚、嗚、嗚」地叫，而是打出「拜託」的手語。對我來說，教導孩子這些是非常快樂的一件事。

增加了「字彙」，也提升了「記憶力」

根據歷經數十年的寶寶手語研究顯示，寶寶手語對正常聽力的孩子確實能產生作用。在多項研究中，針對托兒所、幼兒園、小學一年級的孩子，讓他們學習一年的美國手語（American Sign Language，ASL），最後得到十分有趣的結果。

■「字彙」急速增加

幼稚園孩童擁有相當於小學二年級生的字彙能力。

■「閱讀能力」提升

幼稚園孩童的閱讀能力測驗分數變高了。

■能記住較長的「單字」

托兒所孩童的短期記憶力有了些微提升。

■「視覺空間認知能力」提升

視覺空間認知能力（工程師與建築師所具備的能力）有所提升。視覺空間認知能力有助於物體的視覺認知、樣式比對（pattern matching）、心像（mental imagery）、回轉或改變方向的推測等。

■孩子變「開心」

孩子對手語開始感到興趣，希望可以學到更多（根據老師表示，孩子的上課態度也

變好了，因為學習手語必須專注）

■效果可以「持續」

即使沒有接受任何追加訓練，三年後的字彙能力也有大幅的進步。

立刻嘗試！

- 和寶寶練習，先從**「經常使用的單字」**開始學習。不要給自己太大壓力想要求寶寶記住所有手語。
- 盡量在生活中各種場合使用手語。我的講師當初的建議是「剛開始的一個月以使用十二個手語為目標」。
- 盡量將手語搭配組合使用。例如比起單獨的「義大利麵？」，可以用「義大利麵、還要、吃？」的搭配組合來問寶寶。
- 要有耐心。**寶寶學會手語所花的時間，幾乎長到令人不可置信**。千萬不要中途放棄或感到焦慮。
- 寶寶有時會自己改變手語的打法（我女兒在打「請」的手語時，不是正統的單手放在胸前畫圓，而是雙手放在肚子上左右來回擺動）。

13 設定「外語」遊戲日

——「兩種語言」可促進孩子的大腦發育

讓孩子成為「雙語使用者」

要培養孩子精通兩種語言，具體來說該怎麼做呢？

心理學家弗朗索瓦．格羅斯讓（Francois Grosjean）主張，**第二語言的強化應該在「家庭外」進行**。

例如透過保姆、圖書館的說故事時間、地方上的活動、第二外語托兒所。還有**效果最好的「玩伴」**。

這是因為，要想激發孩子想學會第二種語言的念頭，必須讓他看見該語言明確的用途。

如果孩子有說該語言的朋友，就能構成十足的理由。

唯有透過「真人」才能獲得學習

九個月大的寶寶對於從來沒有聽過的語言，真的學得會嗎？

美國華盛頓大學的派翠西亞・庫兒（Patricia Kuhl）教授曾進行一項十分有趣的實驗。她讓父母只會說英語的寶寶和中國人一起閱讀、遊戲，時間長達四週，每週三次，每次二十五分鐘。

接著，她針對寶寶聽到中文時的大腦進行研究，發現最慢一個月，**寶寶就和在台灣出生的寶寶一樣，可以分辨出中文的母音和子音**。

不過，這個結論僅限於聽到真人說話的時候。**看中文電視或影帶，什麼也學不到**。

雖然孩子兩歲以後就能在托兒所學習外語，但還是直接與人互動效果最顯著。

雙語教育有助於「大腦」發育

我們經常可以聽到父母憂心「學習多種語言會不會害寶寶比較晚學會說話？」。然而，事實上研究人員並沒有發現任何佐證可以證明有此關聯。

從許多研究可以得知，只會一種語言的孩子（單語使用者），和會兩種語言的孩子（雙語使用者），兩者都在預期的時間範圍內學會說話。

在雙語環境中，孩子在一句話中切換不同語言使用是自然的現象（稱為「語碼轉換」〔code-switching〕），並不是語言遲緩或混亂的徵兆。

相反的，**雙語環境對寶寶的大腦反而具有正面作用**。比起單語環境的寶寶，雙語環境的寶寶具有以下優勢：

■接受語言學習的時間較長

雙語環境下的寶寶，一般來說大腦在八至十個月，或十個月至一歲時，就能分辨多種語言的聲音。

■擅長「腦力」轉換

人的大腦在聽到單字的第一個音時，隨即就開始推測剩餘的單字。而精通兩種語言的**雙語使用者，聽到一個單字，馬上就能聯想到兩種語言**。

不停轉換多種語言，可以訓練寶寶的認知能力。透過反覆進行這種訓練，有助於發展寶寶觀察環境的能力，以及面對無關語言的狀況時，切換一連串規則的能力。

在比較雙語和單語環境下的七個月大寶寶的實驗中，當出現聲音訊號時，畫面的一側會出現手偶。這時候，當聽到聲音時，兩組的寶寶都會盯著畫面的一側看，期待在方才的地方出現手偶。

接著，手偶出現在畫面的另一側。這時候，**雙語環境的寶寶立刻能轉換期待手偶出現的地方**。不過單語環境的寶寶就辦不到了。

■「創造力」強

如果要求孩子畫出「想像的花」，雙語環境的四至五歲孩童可以畫出結合風箏和花朵的圖像。單語環境的孩子畫的卻是少了花瓣或葉子的花朵。

有助於提升「執行功能」的能力

要求孩子「依照圖式畫出色塊組成的圖案」或「跟著複誦一串數字」、「說出詞彙的意思」、「以心算解題」時，**雙語的孩子很明顯地正確率比較高**。

以上測驗都是用來測定「執行功能」（executive functioning，控制思考和行為的認知系統）的一連串能力。

「七歲之前」都來得及

究竟該讓孩子接觸外語到何種程度才算「足夠」？針對這個問題，目前並沒有任何確切的研究數據可以說明。因為研究人員不可能正確測量出父母究竟每天讓孩子接觸外語多少時間。如果父母對於孩子的要求目標（例如「靈活運用」或「只要會就好」等）明確，應該就能找到方法。

研究人員相信，學習外語「最好趁早開始」。

孩子在七歲之前，都有辦法獲得和母語使用者相當的外語能力。

一旦過了七歲，可以習得的語言程度就會急速下滑。當然，接下來還是可以繼續學習外語，只不過大腦會改用另一種方式來理解，習得的程度也就連帶變低了。

CHAPTER 3

生活習慣

提升「記憶力」與「專注力」的飲食和睡眠

孩子凡事必須透過學習。

父母若能以幽默風趣的方式來教導孩子，一切就能變成一種樂趣。

14 充足的睡眠有助於提升「記憶力」和「專注力」

——瞭解睡眠週期，哄睡變得更輕鬆

「睡眠」可促進大腦與身心發展

睡眠充足的孩子，「記憶力」、「專注力」、「適應力」都能獲得發展，「壓力」、「鬧脾氣」、「哭鬧」的情況也會相對減少。

產後立刻可以開始實踐的最佳育兒方法之一，就是**「避免讓寶寶白天長時間清醒不睡覺」**。新手父母很容易忽視（或漠視）寶寶想睡覺的徵兆，使得寶寶長時間處於過度刺激的環境中。

寶寶除了疲倦之外，其他時候也會想睡覺。不過，身體主掌睡眠的生物週期只會減輕人的清醒程度、讓寶寶變得想睡覺，並不會確實讓讓寶寶進入睡眠狀態。

因此，這時候就**需要幫助寶寶入眠**。當寶寶想睡覺時，父母不妨為寶寶準備一個可以輕鬆入眠的環境（例如昏暗的照明、嬰兒床的選擇和布置、散步等）。

瞭解寶寶的睡眠徵兆，「幫助寶寶入睡」

新生兒清醒的時間一次約為四十五分鐘。出生後六週至六個月期間，一次約能清醒九十分鐘（有前後三十分鐘的個人差距）。接下來時間會漸漸拉長，到了約一歲左右，清醒的時間一次大約可以有三個小時。

要想掌握寶寶睡覺的時機，可以觀察想睡覺的徵兆。

包括「揉眼睛或耳朵」、「眼神放空」、「精神不好」、「哭鬧」等。

一旦發現寶寶想睡覺的徵兆，就要幫助寶寶入睡。有些寶寶即使想睡，還是會努力睜開眼睛。這時候可以觀察，**只要寶寶眼皮變重，就表示他想睡了**。

寶寶清醒的時間會隨著大腦發育漸漸拉長，其他還包括環境因素（日照長短）和社會因素（家人每天的生活模式）。

抓住寶寶睡眠時機的訣竅

■「聰明的父母」不會急著將寶寶抱起來

白天寶寶在睡覺時，新手父母只要聽到寶寶發出聲音，就會忍不住急忙上前查看。不過，寶寶剛開始入睡的前二十至四十分鐘，屬於大腦尚在活動的「快速動眼期」（rapid-eye-movement sleep，REM sleep）。接下來沉睡的「非快速動眼期」（non-rapid eye movement sleep，NREM sleep）會持續約一小時。

快速動眼期中的寶寶會嘆氣、哭鬧、揮舞手腳，有時甚至還會睜開眼睛。雖然這個時候寶寶很容易醒來，但只要稍微靜待一會兒，觀察狀況，不要立刻上前，大多時候寶寶都會再繼續入睡。

正處於快速動眼期的寶寶，千萬不要急著去碰他。

如果寶寶是在哺乳中或爸爸的懷裡睡著，最好等到寶寶進入非快速動眼期，再放到床上。畢竟好不容易才將寶寶哄睡，假使一放到床上就醒來，可真會讓人感到洩氣呢。

■ 瞭解睡眠「徵兆」

經過快速動眼期和非快速動眼期的一次循環之後，**寶寶要不就是醒來，要不就是繼續進入下一個循環**。有些寶寶可以很順利地從快速動眼期進入非快速動眼期，但有些人無法。如果寶寶白天睡覺太快醒來，這時候可以繼續將他哄睡。

■ 寶寶不睡就「放棄」

如果寶寶始終不肯睡，**經過二、三十分鐘的哄睡之後，父母乾脆就放棄吧**。這只是表示時機不對罷了。女兒在四個多月大時，白天我總得花很長的時間哄她睡覺，最後把自己弄得很疲憊。所以我不建議各位這麼做。

■「白天睡眠」不能少，晚上就寢時間不能晚

寶寶三個月大之後，睡眠時間就會固定。許多寶寶無論晚上多晚睡，早上都會在固定時間醒來。這種時候，**絕對不能為了讓寶寶早上睡晚一點，於是省略白天的睡眠，或是將晚上就寢時間往後延**。這都會造成寶寶過度疲勞。寶寶並不會因為今天睡得比較少，隔天就睡得比較好。

知道賺到！

新生兒即便經過一晚的熟睡，醒來之後，白天大多可以再睡上九十分鐘。

15 不要馬上上前關心，養成寶寶「自己睡覺的能力」

——就算哭了也不必非得「關心」不可

讓寶寶練習「自己睡覺」

我曾經看過有寶寶可以閉上眼睛就自動睡著（但只有一人）。不過，我女兒睡覺經常會哭鬧，所以我和大部分的父母一樣，也為了哄睡吃了不少苦頭。

為了將女兒哄睡，我用盡各種方法。

包括哈維・卡爾普醫生提出的「五大妙招」（請參照36頁）、哺乳、抱著散步、抱著坐平衡球。好不容易睡著之後，等到進入「非快速動眼期」才將她放回床上，再躡手躡腳地關上房門……

各位如果也像我一樣，**建議從寶寶六個月大之後，不妨慢慢減少協助，讓寶寶開始練習靠自己睡著**。

許多研究發現，以下方法都可以幫助寶寶自然入睡：

- 寶寶醒來時，父母先稍待片刻，不急著上前查看
- 當寶寶想睡時就將他放到床上，而不是等到睡熟了才放回去
- 讓寶寶在自己的房間睡覺

放棄過去的有用方法需要勇氣。比較不敏感的寶寶，對於改變應該不會有太大的反應。而對變化反應比較激烈的寶寶，會讓媽媽對於新的方法感到膽怯。

這時候方法之一是，**慢慢減少哄睡的時間，寶寶哭了再到房間安撫哄睡**。不斷來回哄睡或許會讓人擔心寶寶是否睡不好，但請各位放心。

因為這麼做的目的，是為了給寶寶靠自己睡覺的學習機會。

半夜就算寶寶哭了也別急，先靜待幾分鐘

半夜如果寶寶哭了，先別急著上前關心，靜待幾分鐘，觀察寶寶是否哭得太激動。

這麼做是為了給寶寶自然入睡的機會。

嬰兒床最好擺在獨立的房間，如此一來就不會每當寶寶夜啼時便醒來查看，哭醒的寶寶也不會因為看到父母而想尋求幫忙。

有些人希望等到寶寶大一點再分房。即便如此，也要落實**「寶寶醒來時，父母先稍待片刻，不急著上前查看」**，以及**「當寶寶想睡時就將他放到床上，而不是等到睡熟了才放回去」**。

為什麼要在寶寶六個月大之後，開始對他做這麼殘酷的事呢？

這是因為在寶寶四個月大左右，**對於「物體恆存」（object permanence，物體即便看不見也仍然存在）的認知會急速發展**。接著在八個月大時會再度發展，認知大致成形（也有研究認為是在三至四個月大時）。

也就是說，這個階段的寶寶已經記住睡覺時父母在身邊的情景。過去媽媽一直都在身邊，如今半夜醒來卻找不到媽媽，寶寶就會哭著找媽媽，試圖想重現記憶中的情景。睡著時掉落的奶嘴，或是有定時功能的發聲機器等，也會造成同樣困擾。

因此，六個月是重要發育發生的時期。雖然情況因人而異，但其他像是開始長牙、開始生病感冒等，許多需要處理的狀況，都會在這個時期發生。

即便父母沒有因為寶寶的睡眠狀況導致自己睡眠不足，也千萬不要錯過協助寶寶培養自己睡覺習慣的時機。研究顯示，一旦錯過這個時機，寶寶自己睡覺的能力將會變得更弱。

研究數據報告　也有寶寶天生不擅長自己入睡！

美國加州大學戴維斯分校的梅麗莎·伯納姆教授（Melissa Burnham）和湯瑪斯·安德斯教授（Thomas Anders）曾做過一項調查，分別觀察八十名寶寶出生後一個月、三個月、六個月、九個月及十二個月的睡眠狀態。

結果如同預期，大部分的寶寶隨著年紀愈大，愈有辦法自己睡覺。可是還是有四成的寶寶不擅長自己入睡。

不擅長自己入睡的寶寶的共同特徵包括了**「通常都是熟睡後才被放到床上」**、**「與父母同房」**、**「沒有可以抱在懷裡的『安撫物』」**。

16 「放任寶寶夜啼」真的可以嗎？

——只要事先決定好安撫時間就沒關係

「放任寶寶夜啼」的睡眠訓練

為了找出讓寶寶一覺到天亮的方法，我讀遍了各種書籍和網路資訊。但是愈看愈不知所措。

其中評價兩極的睡眠訓練之一，是**放任寶寶半夜哭泣不理會，讓寶寶靠自己入睡**。反對的意見是擔心這麼做會造成寶寶一輩子的陰影。贊成的一派則主張這是大家都能辦到的方法。

根據長期研究顯示，**這種作法應該不會造成寶寶的心靈創傷**。

針對「放任寶寶夜啼」的問題，澳洲與英國的研究人員針對以下兩大類型做了研究。

安娜・普萊斯博士（Anna Price）所率領的研究團隊，針對數百名八個月大的寶寶進行了一項實驗（一般認為不應對未滿六個月的寶寶進行睡眠訓練），調查以下兩種「放任寶寶夜啼」的情況。

■ ①決定安撫的時間（cry it out）

對於半夜哭鬧的寶寶，父母花很短的時間（未滿一分鐘）撫摸寶寶的背，跟寶寶說話，然後離開房間，關上房門，靜待三分鐘。再重複一次相同作法後，靜待五分鐘。接著是十分鐘。第一天以十分鐘為上限，一週後慢慢拉長時間，延長寶寶獨處的時間。

■ ②漸退法（fade out）

父母坐在嬰兒床旁邊，利用唱歌等方式將寶寶哄睡。接著三週內，每天漸漸將椅子遠離嬰兒床，最後完全退出房間。

寶寶睡得愈飽，媽媽愈不容易憂鬱

參與調查的父母，有些人選擇了兩種方法之一，也有人兩種方法都嘗試。對照組則是什麼方法都不用。結果發現，「放任寶寶夜啼」在短時間內就能見效。

採取這種方法的寶寶，十個月大之後有睡眠問題的佔了56%。相對的，對照組中有睡眠問題的寶寶佔了68%。十二個月大之後，比例分別變成39%和55%。

兩年之後，媽媽本身感到憂鬱的人數也減少至15%（放任夜啼）和26%（對照組）。

接著，研究人員又針對六歲之後的孩子進行追蹤調查。

曾經被「放任夜啼」的孩童，是否比對照組的孩童承受更大的壓力？

孩童的精神健康狀態、社會能力、睡眠問題、親子關係如何？

媽媽的憂鬱症狀、不安、（關於寶寶睡眠問題的）壓力狀態如何？

結果發現，兩組人在所有項目中都產生了差距。

研究人員並沒有斷言應該放任寶寶夜啼不理會。這或許是因為其中有些人還是無法放任寶寶哭鬧不理會，就連一分鐘也覺得有十分鐘之久。

這項研究傳達的用意在於，**對這個月齡的寶寶進行「決定安撫時間」和「漸退法」**

並無害，而且可以減輕睡眠帶來的問題。

忍住不捨、嘗試看看吧

一旦開始「放任夜啼」的訓練，就要堅持下去。如果不時放棄堅持，寶寶將會一直哭個不停。

如果沒有立即見到效果，或許會令人感到挫折。這時候建議各位不要在深夜因為苦惱而放棄，可以**試著花一週的時間，每天晚上將過程記錄在筆記本中**。這樣應該就能幫助自己客觀掌握狀況了。

17 「午睡」可促使大腦和心靈發展

——睡眠不足會影響課業成績

睡午覺有助於提升「記憶力」

在某個調查中，針對學齡前的孩子，在中午前進行記憶力測驗。接著中午兩點讓孩子睡午覺，睡醒後和隔天早上再重複進行測驗。

有睡午覺的孩子比沒有睡午覺的孩子，午覺後和隔天早上的測驗分數更高。將睡午覺的組別和沒有睡午覺的組別交換後再測驗，也得到相同結果。

換言之，**睡午覺有助於幼兒期的學習**。孩子的短期記憶（記住時間較短的記憶）有限，睡午覺則能促使記憶更加牢固。

每天晚上固定時間睡覺的孩子，問題行為比較少

就寢時間無論早晚，每晚固定時間睡覺的孩子，較少會發生問題行為。這一點已經獲得英國的相關研究證實。

就寢時間不固定的時期愈長，問題行為的狀況會愈惡化。不過，只要在七歲之前固定就寢時間，一切就能獲得改善。

知道賺到！

九成的孩子每天晚上睡眠時間約為十至十一個小時，從兩歲半至六歲為止，都能保持相同的睡眠時間。**孩子沒有補眠的傾向，因此每天晚上睡飽相當重要**。

根據「睡眠時間只要少一個小時，就會提高字彙測驗成績變低的風險」的研究結果可以得到一個論點是，**睡眠不足會影響到語言習得**（譯註：language acquisition，指自然而然獲得語言）**和記憶力**。

教孩子睡午覺

這是托兒所老師提供的方法。
用完午餐之後就要馬上睡午覺。
讓孩子躺下，兩腳、腳尖、兩手、雙臂伸直。
播放柔和的自然聲音背景音樂。
輕撫孩子的背。
如果這樣還是睡不著，可以在床上唸故事給孩子聽，或是進行一些靜態的遊戲。

18 不要催促孩子，利用「睡前儀式」讓孩子進入狀況

——叫孩子「快點睡！」沒有用

讓孩子「看見」該做的事

有個方法可以讓你不必對孩子大喊「睡覺時間到了！去刷牙吧！」「快去睡覺！」「動作快一點！」。

只要製作一份「睡前儀式清單」，讓孩子清楚知道睡前該做的事就行了。

製作有效清單的祕訣就是，和孩子一起思考。透過一同製作清單，可以提高孩子的動力。

隨著孩子漸漸習慣（差不多要花上好幾個星期的時間）依照清單去做，和不願服從的孩子之間的爭吵也會跟著慢慢消失。

■①**和孩子一同擬定「項目」**

問孩子「睡覺前要做什麼？」」，為孩子說明所有事項並記錄下來。將項目濃縮在七項以內（較小的孩子只要三項就行了，例如「洗澡、穿睡衣、唸故事」）。

■②**將所有事項以「圖畫」或「照片」表示**

可以請孩子畫圖，或是拍下孩子進行的照片，依序剪貼成一張海報。**不需要任何文字或完成確認方框、貼得分貼紙的空間等。報酬只會提高孩子暫時的動力**。只要將圖畫或照片依序整理成一排或兩排，讓孩子一看就知道接下來要做什麼就行了。

■③**花時間慢慢訓練孩子**

以「一個晚上做一項」的步驟，為孩子密集訓練。等到孩子都學會之後，每完成一項就要看一次清單，確認下一步該做什麼。父母可以事先跟孩子說明沒有做到的後果。

例如「八點就要關燈了呦。就算你還沒做完，我也會直接帶你進房間。然後媽咪就會離開，沒有抱抱，也沒有唸故事」。

④最後將清單交給孩子管理

等到孩子都習慣之後，父母就可以透過清單來引導孩子，以此取代直接指示。例如「清單的下一項是什麼？」「唸故事之前要做什麼？」「做完○○之後，接下來就是○○了」「我們已經一起決定好了，接下來是什麼呢？」。

五歲以下的孩子，父母可以依照清單帶著孩子依序進行。

萬一孩子不想做，可以冷靜指出孩子的不對行為，或是帶孩子看著海報，針對清單再度確認。例如告訴孩子「刷完牙之後就是唸故事的時間囉，讓孩子知道順序；或是跟孩子說「媽媽在房間等你，你穿好睡衣就可以來找我」。

立刻嘗試！

西雅圖的育兒指導員兼社工人員瑟琳娜・納特金（Salina Nutkin），每晚都會透過睡前五分鐘的全家大混亂時間——熱舞派對或搔癢遊戲，換來順利的睡前儀式。

納特金表示：「如果使用清單卻經常看不到效果，就該思考是不是少了什麼。」是孩子希望媽媽多陪自己一會兒嗎？還是清單項目有什麼問題？

假使孩子老是跑出房間提出要求，就將這些要求納入每晚的睡前儀式中。或者另一種方法是採「需求票券」制，事先說好「每晚最多兩張票」，滿足孩子的要求。

如果所有方法都行不通，不妨就召開家庭會議（請參照190頁），大家一起找出解決辦法。

19

哺餵「母乳」與持之以恆的訣竅

——餵母乳值得一試

過度在意反而容易失敗

餵母乳雖然很辛苦，不過只要努力，一切都是值得的。為了讓母乳之路能夠走得長久，各位最好不要胡思亂想，以放鬆的心情來面對就好。

美國有六成的女性希望成為全母乳媽媽。不過，**其中有三分之二的人，中途就會放棄**。

胸部疼痛、擔心母乳不夠、寶寶吸得不順利等。各位或許也曾經歷過這些。但是事實上，只要經過正確的協助，這些狀況一定都能獲得改善。

餵母乳最大的祕訣是「媽媽感到舒服」

餵母乳最應該知道的祕訣，就是「媽媽感到舒服」。如果覺得怎樣都不舒服，不妨可以先將寶寶抱開。**覺得乳頭疼痛難受時，先暫時將寶寶抱開，之後再重新嘗試**。

餵母乳時，盡量要避免媽媽的脖子、手腕、乳頭感到疼痛。

一開始可以先試著以放鬆的姿勢哺餵。**淺坐在椅子上，背部靠著支撐，就像坐在沙發上看電視一樣**。

將寶寶靠近自己，腹部緊貼在自己胸前（呈舒服的姿態），讓寶寶自己找媽媽的乳頭。比起側躺或坐得挺直，這種姿勢更輕鬆、最舒服。另一個好處是，這種姿勢是用全身來支撐寶寶的重量，兩手比較不會痠。

不要忽略寶寶「肚子餓的徵兆」

練習哺乳時，比起寶寶哭鬧的時候，最好挑選寶寶心情好的時候。一方面對寶寶也比較輕鬆，**而且冷靜的時候，比較能靈活運用舌頭吸吮**。不要忽略了寶寶「肚子餓的徵兆」，最好在寶寶哭鬧前就先餵奶。如果寶寶哭鬧，請先安撫寶寶的情緒之後再餵奶。

母乳會藉著寶寶的吸吮不斷分泌。如果「因為某些理由，醫生建議餵奶粉，但自己還是希望日後可以繼續餵母乳」，建議現在就可以立刻開始擠奶。如果可以忍受，盡量將擠乳器設定為高速，因為健康的寶寶通常會吸得比擠乳器來得多。

務必尋求他人「協助」

有專門協助哺餵母乳的醫院

現在也有專門提供協助哺餵母乳的醫院，各位不妨可以找找看。即使生產醫院沒有提供這方面的協助，也可以在生產前向主治醫師提出要求。

仔細請教正確的哺餵方法

沒辦法從自己的媽媽身上學到如何餵母奶的人，可以尋求泌乳顧問或產後陪產員（postpartum doula，產前產後照護專家。建議選擇可到府服務的人）的協助。

尋求「另一半」、「親戚」、「朋友」的協助

生產完後，媽媽要立刻確實補充營養和水分，家事就交給其他人代勞，自己專心在

「休養」和「哺餵寶寶」上。

新手媽媽和寶寶一樣，都需要他人的照顧。女性產後身體十分虛弱，需要一段時間才能恢復。一般人都會希望剛生產完的媽媽盡早恢復打掃、下廚和運動。請各位一定要努力對抗這種觀念。

■結交母乳媽媽朋友

有媽媽朋友可以互相打氣支持，讓自己自在地在公共場合餵母乳、互相抱怨親朋好友的否定意見、互相加油努力擠奶等，一定可以讓自己變得更堅強。

各位也可以尋求協助母乳媽媽的諮詢中心或社團。

研究數據報告

母乳「只要少量」就能促進寶寶大腦發育

哺餵母乳的時間每增加一個月，寶寶的智力就會提升三分之一點。在一份哈佛大學與波士頓兒童醫院的共同研究中，針對一千三百多位媽媽和孩童進行了數據調查。綜合媽媽的社經地位和智力，以及孩子是自己帶或托育等一連串因素的結果，發現餵母乳的時間愈久，孩子三歲時的字彙能力和七歲時的智力測驗，分數都愈高。

喝母乳至一歲的孩子，比起完全沒有喝母乳的孩子，智商多了四點。不過話雖如此，即使無法餵母乳，還是有很多方法可以發展孩子的智力。

知道賺到！

母乳並非只是「食物」。媽媽的身體為了每天供應寶寶的需求，除了母乳的量以外，也會針對荷爾蒙和免疫因子，以及供給寶寶內臟所需的醣分進行調整！其他應該還有許多研究人員尚未發現的效果。

20 相信孩子「不想再吃」的意願

——培養孩子「肚子餓」和「吃飽」的感覺

父母「多吃一點」的要求會造成孩子的偏食

從孩子的立場來看，吃飯時有人在一旁監督，好聲好氣地不斷催促多吃一點，每吃一口就誇張得激動歡呼……啊~真是煩人！

父母的任務是提供孩子富含各種營養的飲食。

吃什麼、什麼時候吃、在哪裡吃，這些都是由父母決定。

至於決定吃不吃、吃多少，則是孩子的事。

身為父母很重要的一件事，就是相信孩子的身體需求。

孩子想吃什麼、吃多少，每天都不一樣。如果父母基於自己的希望（即便出於善意），而持續漠視孩子發出的訊息，強迫孩子吃下自己希望的份量，**孩子將會學習到漠視肚子餓和吃飽的身體訊息**。

這麼一來，孩子便無法與食物建立健康的關係。

如果孩子表示「我吃飽了」，父母不妨就盡力壓抑自己「真的嗎？已經吃飽了嗎？來，再吃最後一口」等強迫的念頭。

每天固定時間陪孩子一同用餐

研究發現，在家吃飯胃口比較好，可以確實攝取到各種營養素。因此，絕對不要省略不吃，或是以輕食簡單打發。

孩子如果在固定吃飯時間之外肚子餓，就讓他喝水。飲食規律，固定時間吃點心或零食，身體會漸漸習慣一整天的節奏，午睡也會更容易入眠。

讓孩子透過五感熟悉陌生食材

對於未接觸過的陌生食材，可以讓孩子透過觸摸、嗅覺、看父母吃、少量嘗試等方式慢慢習慣。就算吐出來，也不要認為孩子完全討厭，可以當作是在為以後的嘗試做準備。

■ 陌生的食材可以盡量多吃

孩子對於陌生的食材態度比較謹慎，**適應時間通常比父母預期的久**。兩週內出現八道新餐點，一點也不算多。父母大可朝豐富多變的目標盡量努力。不過，為了讓孩子吃飽，最好搭配孩子熟悉的料理一起吃。

■ 千萬不要強迫孩子

「吃一口嘛，一口就好。來嘛，吃吃看嘛。」絕對不要像這樣不停追著孩子吃東西。研究發現，**一旦言語中透露出太大壓力，孩子就會拒絕嘗試**。

■ 盡量避免討價還價

「你只要吃完，我就給你○○。」像這樣利用獎勵跟孩子討價還價的方式，即使會讓孩子快速接受陌生食材，不過對於長久來說，並不是最好的方法。

在某個研究中，研究人員將紅甜椒切成絲給孩子吃，告訴其中一組孩子「想吃多少就吃多少」，對另一組孩子則是說「只要吃一片，就給你喜歡的貼紙。想吃多少就吃多少」。結果發現，可以獲得獎勵的第二組的孩子，馬上就拿起紅甜椒來吃。但時間一久，第一組的孩子反而吃得比較多，而且還愛上了紅甜椒。

立刻嘗試！

女兒很喜歡模仿我和先生，所以**只要我都把食物放在我們的盤子裡，而不是她的盤子，馬上就能引起她的興趣**。

年紀較小的孩子都喜歡觀察父母吃的東西。我經常會和女兒玩「媽咪吃一口，爸比吃一口，你吃一口」的遊戲，藉此讓她把東西吃下去。

21 增加上廁所的「機會」——戒尿布的妙招

漸進式如廁訓練的祕訣

沒有任何研究數據顯示如廁訓練「愈晚愈好」。只不過可以確定的是，**「與其用讓孩子感到丟臉的方式強迫戒尿布，最好一步步慢慢進行。」**

第二次世界大戰之前，多半的父母都會透過責罵或處罰的方式，強迫八個月大的寶寶戒掉尿布，自己上廁所。這種作法會導致孩子出現「便祕」、「憋尿、憋大便」、「討厭上廁所」等問題。

後來主張改變這種作法的人，是小兒科醫生貝瑞·布列茲頓（T. Berry Brazelton）。

他的這項主張本身並無不妥，但一部分的父母卻將此解釋為「應該等到孩子可以接受了，再來進行如廁訓練」，於是不斷延長孩子的尿布期。連帶地，尿布廠商也不斷推出大尺碼的尿布。

然而，其實沒有必要等這麼久。

孩子的如廁訓練不論幾歲開始，最重要的是「溫柔的態度」。以下是訓練的訣竅。

給孩子上廁所的「機會」

與其勉強孩子蹲馬桶，或是利用獎勵要求孩子上廁所，不如「只」給機會，觀察孩子的反應。決定要不要上廁所的人是孩子，雖然父母要努力訓練孩子學會如廁，但如果孩子不願意，父母也不需要著急。

我和先生**為了要讓女兒坐在馬桶上久一點，會就近蹲在馬桶旁為她唱歌或唸故事、吹泡泡等**。

我們會告訴她「上大號比較久，所以爸比媽咪蹲在這裡等你」。如果她想下來，我們不會說「還沒喔，請坐回去」，而是問她「你大完便了嗎？」。

固定時間「詢問」孩子

父母可以在睡覺前後、外出前後、吃完飯半小時至一小時後，「詢問」孩子是否想上廁所。久而久之，孩子即使不用人催，也可以事先知道「上廁所的時間」。

在我家，我們會跟孩子說**「上廁所時間到了」**（因為女兒一歲十個月時，即便已經忍不住半蹲下來、一副想上廁所的樣子，問她「要不要上廁所」，她依舊會回答「不要」）。

從外面回到家時，我們也會說「回到家之後要先做什麼呢？是上廁所喔」，藉此誘導她如廁。除此之外還會問她「需要媽咪幫忙嗎？」，或是「你想要媽咪唱什麼歌呢？」。

用「乾脆的態度」回應孩子

只要孩子說「想上廁所」，**父母最好乾脆地回應孩子「好啊，走吧」**。如果趁機做太多機會教育，孩子很有可能會改變心意。

孩子上完廁所之後，父母可以說「大便大得很棒喔」，給孩子一個滿意的笑容就好。如果太開心又是大叫又是拍手的，下回孩子上完廁所時，很可能會因為想被稱讚而叫你來看「成果」。

製造「沒有包尿布的時間」

關於如廁訓練，我最偏好的建議是**「總之脫掉尿布就對了」**。就算是年紀較小的孩子，白天大部分的時間也幫他把尿布脫掉。

即便是只有兩三個月大的寶寶，也可以將便盆托在寶寶的屁股下方，或是趁著換尿布的時候抱寶寶蹲馬桶。父母上廁所時，也可以讓寶寶一起使用便盆。

也有些父母會每隔半小時至一小時拿出便盆，讓寶寶尿尿和大便全靠便盆（新生兒尿尿的頻率大約是這個時間）。寶寶尿尿和大便時，父母就在一旁「噓——噓——」或「嗯——嗯——」地發出聲音。這種聲音後來就成為催促孩子上廁所的聲音，也會成為孩子想上廁所時告知父母的語言。

在我們家，女兒一歲之後，只要在家，一定都是脫掉尿布。只不過，從此我們再也不能沒有地毯清潔劑了。即便後來她會自己使用便盆，還是會經常玩到忘我而忘了上廁所（我自己也是！）。

現在回想起來，應該多叫她去上廁所才對。

■晚上睡覺時，不勉強孩子起來上廁所

大部分的孩子直到四、五歲，晚上都還是包著尿布睡覺。**在醫學上，「尿床」一詞並不適用於五歲以下的孩子**。

知道賺到！

即使孩子還無法完全學會控制膀胱和腸道，只要有稍微可以忍住行為的能力，就能開始進行如廁訓練了。

兩歲就能完全學會控制膀胱和腸道的孩子，僅僅只有兩成。而這個時期也是多數父母開始訓練孩子如廁的時候。

即便打算晚一點再訓練孩子自己上廁所，最晚也不要超過兩歲八個月。因為膀胱若一直處於沒有排尿乾淨的狀態，會增加膀胱炎的發生率。此外，膀胱控制能力變弱的機率也會相對提高。

CHAPTER 4

遊戲

磨練「思考力」和「創造力」的快樂方法

孩子藉由和朋友一起遊戲，
可以學習到非常重要的能力＝「自我控制」。
不過，對前一個階段的幼兒來說，
最喜歡的玩具就是爸爸和媽媽了。
喜歡拉扯爸媽的頭髮、抓鼻子、爬在身上，
將爸媽當成移動工具。

22

讓孩子「直接」接觸各種物品
——讓孩子透過手口體驗各種刺激

隨時隨地給予孩子接觸刺激

父母不妨讓孩子直接用手觸摸、體驗各種物品。

想給寶寶新的刺激，**不需要買一大堆玩具**。例如只要利用以下物品就行了。

- 在下廚或超市採購時，讓孩子觸摸洋蔥薄薄的外皮，或是外皮凹凸粗糙的酪梨。
- 將衣櫃裡不穿的喀什米爾毛衣和皮褲拿給寶寶觸摸。
- 散步途中聞到玫瑰花香時，取花瓣輕輕劃過寶寶的肌膚（等到八個月大、可以稍微接觸植物後再嘗試）。
- 女兒散步時，喜歡躲在垃圾桶後面玩躲貓貓，或是想用手碰觸回收桶。後來我也妥協了，「反正之後再洗手就好了」。

- 將寶寶的玩具收掉大半，只留下玩得到的部分輪流給寶寶玩。
- 和朋友交換玩具。

寶寶會透過嘴巴確認「口感」

寶寶的觸覺是從嘴巴開始，由上往下發展。**這也是為什麼寶寶喜歡把東西放到嘴巴裡的緣故。**

觸覺從嘴巴順著身體往下發展需要時間。**即使到了五歲，孩子的臉也會比手掌來得更敏感。**

23

「簡單的東西」更能促進大腦發展
——讓孩子玩運用想像力的東西

丟掉所有「閃閃發亮的玩具」

對孩子的大腦發育最有用的玩具是什麼？

答案是需要「使用」大腦的玩具。

「最有用的玩具」不會為了吸引孩子的注意而發出聲音或活動，或是閃閃發亮。**最好的選擇，是運用想像力的東西**。

玩具廠商非常清楚，「促進寶寶發展」的宣傳口號（即便沒有科學實證），可以激發父母的買氣。

舉例來說，我曾收過一個質地柔軟、戴在寶寶手上、會發出聲響的布製玩具。玩具標榜「可發展寶寶辨認聲音位置的能力」。不過，真的有這種效果嗎？

最簡單的玩具，才是最有用的玩具。例如以下物品：

省下「玩具支出」吧！

寶寶最喜歡的玩具，都不是「特地買來的玩具」。例如以下物品：

- 遙控器
- 鑰匙、錢包、手機
- 化妝鏡
- 計算機
- 爸媽的鞋子（將自己的腳套進去玩）
- 爸媽的內衣（將身體包起來玩）
- 玩具箱
- 水果（咬一口就放回去）
- 洗衣籃（把自己裝進籃子裡）
- 抽屜或衣櫃（寶寶總是會把鑰匙或錢包、手機藏在裡頭！）

- 包含各種大小尺寸的附蓋瓶子、碗盤或杯子，以及可以讓寶寶將水或沙土、乾豆子等倒來倒去的東西。
- 墊子或枕頭。放在寶寶爬行或爬上爬下的障礙物空間內。
- 球和積木。樂高得寶系列（LEGO Duplo）、美國 K'NEX 的益智玩具、美國 Tegu 磁性積木、TINKERTOY（譯註：一種自行設計拼裝的結構玩具）、積木等。
- 舊玩偶或手指玩偶。
- 用椅子和毛毯搭建祕密基地。
- 用空紙箱和麥克筆製作車子或太空船。
- 膠帶。

最後，絕對不能忘記的一點是，**對寶寶而言最好玩的玩具，就是「你」**。孩子最喜歡爬到爸媽身上，或是被爸媽抱著搖來晃去，或是拋高，或是搔癢。也很喜歡和爸媽一起在床上玩玩具。

知道賺到！

玩積木可以發展孩子的「空間能力」、「數學能力」、「解決問題的能力」、「協調性」。

玩玩偶可以培養孩子的「社交能力」和「體貼」。

24 音樂的神奇「作用」

——音樂是可以豐富人生的「珍貴禮物」

孩子最喜歡「父母的聲音」

和孩子在一起，唱歌的機會會變多。

有一次，我和女兒散步在人行道上，突然想起一首之前在幼兒網路電台聽過的歌，不自覺地便唱了起來。「小樹枝上／有片小葉子／可愛的模樣／以前從未見過」。

唱走音也無所謂。

因為幸好，**比起任何聲音，年幼的孩子最喜歡父母的聲音**。

而且，**比起聽歌，他們更喜歡父母直接唱歌給自己聽**。

在家的時候，我也會和女兒一起唱歌。我會敲著女兒的木琴唱著「一閃一閃亮晶晶，滿天都是小星星……」（學了三年的鋼琴終於派上用場了！）。

此外，我們也會去上親子音樂教室。一方面可以作為女兒的社會經驗，另一方面我也希望可以讓她體驗音樂這種人類自古以來熟悉的樂趣。

在課程中，女兒會嘗試家裡沒有的樂器，跟著節拍舞動，也會想跟著一起唱。授課老師是個很棒的人，每次下課時，女兒都會給老師一個緊緊的擁抱。

學音樂會變聰明？

音樂家在各方面，都比一般人來得更聰明。**包括抽象的邏輯能力、數學能力、讀解能力、字彙能力、運動能力、空間能力、工作記憶等都十分優秀。**

不過，研究人員目前還無法證實這些能力和音樂訓練之間的關聯性。支付得起一對一音樂課程費用的父母，可能有比較多時間為孩子唸故事，這或許使得孩子的讀解能力和字彙能力也連帶獲得提升也說不定。

一般認為，認知能力較高的孩子，比較喜歡上音樂課。

關於這一點，研究人員過去曾六度實驗，試圖想證明其中因果關係，卻都得不到一個明確的結論。只不過，學習音樂的目的，並非只為了促進大腦發展。

音樂使得人生瞬間變得「富裕」

音樂是世界共通的語言。

世界上沒有人不喜歡音樂。

哈佛大學心理學教授羅傑·布朗（Roger Brown）指出：「沒有音樂的人類社會，就像少了語言的人類社會，存在不受認定。」

同樣是「聲音」，假使表現大腦想法的方法是「語言」，則展現靈魂的方法便是「音樂」。因此，既然學習語言不需要理由，音樂自然也是。

音樂講師凱薩琳·霍爾（Kathryn B. Hall）在一篇名為〈為什麼要教授音樂？〉的論文中，為音樂賦予了各種解釋。

我們教授音樂的理由是：

- 並非希望以音樂為專業
- 並非希望演奏、歌唱音樂
- 並非希望從中獲得放鬆與樂趣

都不是為了這些理由。而是：

- 為了讓人可以人類之姿生存
- 為了培養人的美感
- 為了使人纖細敏銳
- 為了使人擁有豐富生活的能力
- 為了擁有更多的愛、認同、溫柔等一切「幸福的人生」

不知道如何生存，就無法擁有豐富的人生。**音樂可以說是一輩子的禮物**。所以我們才選擇教授音樂。

立刻嘗試！

父母可以在寶寶的玩具箱中，加上各種樂器，**和寶寶一起玩合奏遊戲**。有些圖書館或兒童美術館也會開設免費的音樂課程。地方上的管弦樂團或許也有提供兒童課程也說不定。

知道賺到！

聽音樂時，大腦會同時運作多項迴路來接收節奏、音質和音調等。不僅是大腦的聽覺區，主掌**「運動能力」、「情緒」、「創造力」等部位也會有所反應**。

25

「玩具」被別的小孩拿走了？

——發展孩子「主動助人的情感」

一歲半的孩子不懂分享

到了一歲半之後，孩子就會開始和朋友搶玩具。

遇到這種情況，大部分的父母都會介入，硬是將玩具從自己孩子手中拿過來，還給對方孩子，並斥責自己的孩子「別人正在玩啊」。如果孩子開始哭鬧，父母就會說：「要分享才行。來，說『這個借你』，會不會？」

事實上，孩子真的不會。

某個實驗假設孩子無論是否分享給朋友，同樣都能獲得食物，藉此觀察孩子的反應。結果發現，兩歲一個月大的孩子，有57%的人會分享。不過，一歲半的孩子即便食物不會因此減少，**願意分享的人卻只有14%**。

父母都希望孩子可以跟朋友感情融洽地玩在一起。但是，在**孩子直到學會「利他行為」為止，必須經過好幾個階段的發展**。

孩子都喜歡「幫忙」

話雖如此，不過**剛學步的幼兒都很喜歡幫忙或協助他人**。他們會餵朋友吃自己喜歡的東西，或是幫媽媽打掃。即使沒有人教，自然就會做出這些舉動。所有研究進化論的人類學家都異口同聲認定，「人類是互相幫忙（且相互競爭）的生物」，所以物種才有辦法生存至今。

■「物理性」的協助

從一歲至一歲兩個月大開始，孩子會開始出現找東西、拿東西等單純行為的協助。到了一歲半之後，協助的範疇會增加，開始學會「克服問題」、「使用道具」、「瞭解最終目的」等。

■「貼心」的協助

到了一歲半左右，孩子會開始顧慮到他人，也會安慰他人。不過即便如此，這個時期基於情感的協助仍相當有限。到了兩歲半之後，孩子已經學會許多能力，即便沒有受到明確指令，也已經可以覺察他人的情緒和想法，有時甚至還能推測他人的需求。

■「利他性」的協助

從兩歲半左右開始，孩子已經可以理解他人的需求。不過還是不喜歡放棄自己重要的東西。到了對「利他行為必須有所犧牲」有深刻瞭解的三歲前後，有段時間會暫時比以前更討厭將自己的東西分享給他人。

協助「孩子幫忙」

孩子需要多少資訊，才會理解他人需要協助呢？

匹茲堡大學的瑪格麗特・斯維特洛娃（Margarita Svetlova）教授等人，曾進行一項**大人假裝感冒的實驗**。

研究人員將毛毯放在大人拿不到、但小孩拿得到的地方。大人每隔五至七秒，慢慢依序對孩子發出以下清楚明瞭的訊號，直到孩子將毛毯拿給大人為止。

①**做出手勢：**顫抖著身子邊呼氣，兩手不停搓動、抱緊身子
②**說明自己的狀態：**「我好冷」
③**提出需要物品的要求：**「我想要可以讓身體暖和的東西」
④**說出需要的物品名稱：**「毛毯」
⑤**做出無言的要求：**看著孩子，看著毛毯，再看著孩子
⑥**更明確地做出無言的要求：**指著毛毯
⑦**提出要求：**「你可以幫我嗎？」
⑧**提出具體要求：**「你可以幫忙把毛毯拿給我嗎？」

各位認為一歲半的孩子到了哪個階段才瞭解大人的需求呢？答案是第⑥個階段。

但是，兩歲半的孩子到了第②個階段就發現需求了。不過如果是自己的毛毯，兩歲半的孩子直到第④階段之前都會拒絕出借。

一歲半的孩子並非無法提供協助或不願分享，而是需要「針對他人的感覺獲得明確的指示」。

孩子的朋友並不會做出這樣的指示，這時父母不妨協助從旁教導。

當孩子的玩具被搶走時，父母應該採取的三大行動

■ 什麼都不要做

只要父母不要介入、把事情鬧大，**孩子通常都能自己解決**。這對孩子來說是個非常好的訓練。父母不妨事先和對方家長約定好相同的處理態度。

■ 給予具體的指示

「〇〇現在很想玩你的玩具，你可以借他嗎？你願意借他！謝謝你！」

「玩具現在〇〇正在玩，你要排隊喔。你有等待，做得很好喔。」

「玩具現在〇〇正在玩。你可以拜託他、跟他說『請借我玩』嗎？如果他不肯，我們就等他玩完之後再玩吧。」

■ 認同孩子的憤怒，分散他的注意力

「〇〇的玩具被你搶走了，所以他好難過喔。你可以還給他嗎？」

「玩具被搶走了，你一定很難過吧。我們先排隊，等到輪到我們再跟他借吧。**啊，是紅色的消防車耶！**你看，梯子可以伸縮耶！」

26 發展孩子「智力」的遊戲
——各種既有效又非常好玩的遊戲

為孩子培養「自我控制能力」

「自我控制能力」是我希望為孩子培養的最重要的能力之一。

做沒有興趣的事情（例如功課等）並持之以恆的能力，以及放棄想做的事情（例如看電視等）的能力，兩者都是創造成功人生的強大武器。

這一點已經經由非常多研究獲得證實。泰瑞・莫菲特（Terrie Moffitt）博士針對了一千名孩童、歷時三十二年的調查，於二〇一一年提出一項劃時代的研究結果。研究人員阿德爾・戴蒙德（Adele Diamond）根據此項研究結果歸納出以下要點：

「在三至十一歲的階段，自我控制能力差（較沒毅力、易衝動、專注力不足）的孩童，比起同年齡自我控制能力強的孩童，**可以發現三十年後的健康狀態和經濟能力都比較差，而且犯罪率高**（根據智力、男女差別、社會地位等有所落差）」

自我控制能力是透過所謂執行功能（控制思考和行動的認知系統）的腦內過程來進行整合。

藉此達到抑制、工作記憶、專注力、調節認知彈性、解決問題、賦予理由、計畫、延遲報酬（延後獲得想要的東西）等。

自我控制能力強的學生，在以下方面都具有優秀表現：

- 「專心」在功課上並完成的能力
- 仔細聆聽、「無視分心事物」的能力
- 「接受」新事物的能力

大腦的「執行功能」會在一歲左右開始發展，並於二十歲前半期達到成熟，花費時間相當長。想要促進「執行功能」發展，有其有趣的方法。

用「自己的話」說給孩子聽

孩子喜歡直接聽人說話。與其唸故事，父母可以多和孩子面對面、好好地跟他說話。沒有圖片或照片的故事，可以喚起孩子的注意力，讓孩子練習注意細節。

許多研究顯示，**對孩子來說，比起聽故事，沒有書本的聆聽，孩子更能記住角色和內容**。

假使不曉得該說什麼給孩子聽，不妨就從一天發生的事情說起，由此開啟話題。**因為寶寶根本不在乎你說的內容是什麼！**

我每次都是從「在某個地方有一個女孩……」說起，並在內容中參雜了當天發生的事情。也可以參考節慶活動或學校、書店等的說故事活動。

透過「跳舞」、「踢球」、「音樂」發展孩子的自信心

各位的孩子喜歡「跳舞」或「武術」、「演奏樂器（尤其是合奏）」嗎？

掌握跳舞的舞步或歌曲的音階等行為，需要長時間的專注力和注意力，而且必須同時進行複雜的過程並隨時留意。

這些行為會讓孩子感到開心，獲得社會歸屬感，**培養運動能力和自尊心，並且增加自信心。這一切都和「執行功能」的發展有關**。

發展「執行功能」的各種方法

■「運動」

運動是發展執行功能最好的方法之一。

研究發現，即便是瑜伽、跆拳道等沒有競爭性的運動，也能提升孩子的執行功能。

■設定「可達成的挑戰目標」

例如要求三歲的孩子「用積木蓋一座高塔」，或是要求五歲的孩子「蓋一間小鳥舍」等。隨著孩子的成長，為他設定可達成的目標。

■**熱中於「興趣」**

讓孩子一頭栽進必須「努力」的活動中。

■**接受「蒙特梭利教育」**

接受這套教育系統的孩子，執行功能與創造力通常都比較發達。

■**接受「失敗」**

請參照219頁。

■**學習「外語」**

請參照85頁。

■**玩「角色扮演遊戲」**

請參照154頁。

遊戲可快速提升孩子的「自我控制能力」

我十分推薦過去流傳下來的幼兒遊戲。以下介紹的遊戲當中，有幾個就是我自己小時候經常和父母和姊妹玩的遊戲。

舊時的遊戲不僅有趣，還有助於發展大腦的執行功能。

實驗發現，在幼兒園裡每週兩次、每次三十分鐘進行這些遊戲，經過八週之後，**孩子的自我控制能力測試分數，比起未參與實驗的孩子發展得更快**。這個實驗是奧勒岡州立大學的梅根・麥克萊默（Megan McLemore）教授等人，針對兩百七十六名就讀幼兒園的低所得家庭孩童所做的調查。

這個方法最重要的是，**隨著孩子對遊戲愈來愈熟悉，遊戲內容的難度也必須跟著變高**（例如加快速度、追加規則、逆轉規則等）。如果是運用到聲音或動作的遊戲，可以讓孩子從椅子上站起來。

以下就為各位說明可發展大腦執行功能的遊戲與其特色。

■ 需要「抑制自然反應」的遊戲

●**定格**：擬定一份快節奏與慢節奏歌曲相互穿插的曲目。所有人配合歌曲跳舞，當按下停止鍵時，大家都必須停下動作。聽到慢節奏的歌曲時，跳舞的動作要緩慢；聽到快節奏歌曲則必須快速舞動身體。接著顛倒規則，慢節奏要動作快，快節奏要動作慢。

●**顏色定格**：在地上貼上各種顏色的畫紙。遊戲規則基本上與上述「定格」遊戲相同，當音樂停止時，主持人掀開一張有顏色的畫紙。這時所有人必須跑到相同顏色的畫紙上站好，靜止不動。

●**樂隊指揮**：一個人當「指揮家」，其他孩子演奏樂器（請大家各自準備鈴鐺、平底鍋、鍋子等道具）。一開始的規則是，當指揮家放下指揮棒時，大家停止演奏。接著試著變換各種規則，例如所有人要配合指揮棒的速度來改變樂器演奏的速度（快的時候快，或是相反地快的時候慢），或是當指揮家開始指揮時，大家反而要停止演奏。

■ 需要「強大專注力」的遊戲

●**太鼓**：先決定身體要配合太鼓做什麼動作（例如拍手、踏步、走路、跳舞等）。遊戲開始，隨著配合太鼓的節奏做動作。鼓聲快則動作快，鼓聲慢則動作慢。當太鼓停下聲音時，動作跟著停止。也可以改變規則，例如鼓聲快時跳起來，鼓聲慢時趴在地上。

●**一列步隊**：所有人排成一列向前走，不得超出列隊。例如沿著一列木地板，或是在地毯上用膠帶貼出可行走的寬度，或是走在圓木上。

■需要「認知彈性」的遊戲

●**寶寶睡**：當父母唱著「寶寶睡……」等搖籃曲時，孩子要假裝睡覺。接著父母指定某種動物，大喊「醒來時你是猴子！」，孩子就要睜開眼睛，演出父母指定的動物。

■需要「專注於一樣東西」的遊戲

●**金龜車**：搭車時，在路上看到福斯的車子就大喊「金龜車！」（或是改變規則，根據車子的顏色或其他元素來決定稱號也很有趣）。

● **接龍**：搭車時，從建築物或招牌（用車牌數字來玩，速度更快）名稱開始依序接龍。

■ 運用「工作記憶」的遊戲

● **拍手**：將色紙裁成大四方形、圓形和三角形。決定每個形狀的動作（例如四方形是拍手，圓形是踏步，三角形是摸鼻子等）。遊戲開始，所有人根據主持人拿的形狀色紙做動作。接著慢慢加快速度，或是改變動作規則。

● **旅行要帶什麼？**：第一個人先說出一樣東西。第二個人要說出第一個人說的東西，接著再自己說出一樣東西。第三個人要說出前兩個人說的東西，再接著自己說出一樣東西。以此進行下去。

研究數據報告

大腦「執行功能」發達的孩子比較會念書

許多研究顯示，比起「智商」測驗分數，學齡前和幼兒園孩童的「執行功能」測驗分數，更能作為日後學業表現的重要指標。

執行功能發達的孩子……

- 剛入學的讀寫能力，比同級生進步三個月以上。
- 小學至大學的課業成績優秀。
- SAT（Scholastic Assessment Test，美國大學入學測驗）等標準測驗的分數優異。
- 可輕鬆和同級生或老師建立正面的人際關係（不具備過度破壞性、遲鈍、攻擊性的行為，有助於提升課業成績）。
- 大學畢業率高。

27 透過角色扮演遊戲鍛鍊「大腦」

——提升孩子「思考能力」的方法

快樂鍛鍊大腦的進階級遊戲

什麼遊戲有助於孩子的大腦發育呢？

答案是，**可以讓孩子熱中於「他人角色」的遊戲**。

孩子之間的「角色扮演」，通常都是從討論開始。

「好，接下來我們來扮家家酒吧。我演媽媽。」

「我也要當媽媽！」

「不行啦，我演媽媽，你演小孩。來，媽媽餵你吃飯。」

「好吧。吃完飯後還要去遛狗散步喔。」

發展孩子的大腦，「戲劇」是最推薦的方法

在早期教育計畫「心智工具」（Tools of the Mind）當中，花了很多時間在發展大腦的執行功能。其中最重要的方法就是透過「戲劇」。在一份以一百五十名孩童為對象的調查當中，參與「心智工具」訓練的學生，比起沒有參與的孩童，執行功能測驗的成績高出了三成至一倍之多。除此之外還能具備以下特徵：

- 具備創意（在思考物品使用方法的測驗上，想出了比一般人多出將近三倍的點子）
- 說話流暢
- 問題解決能力非常好
- 壓力減半
- 人際關係良好

討論完之後，就開始演戲。

這是最典型的「角色扮演遊戲」。雖說是遊戲，卻有著明確的架構。

不僅要遵從「有媽媽／孩子等一切該有的角色」的規則，而且還要依照「吃飯／遛狗」的步驟進行。如果有孩子偏離規則，其他孩子也會將他拉回來。

這樣的遊戲，可以使大腦的執行功能獲得發展。也就是孩子**「制定目標，計畫，進行任務，專注不分心」的能力**（請參照145頁）。

教孩子「角色扮演遊戲」的方法（一至三歲）

孩子一到三歲時，可以開始學習利用物品進行「角色扮演遊戲」。

■ 教孩子「角色扮演遊戲」的玩法

例如給孩子一個空杯子，讓他做出假裝喝東西的動作。告訴孩子「媽咪要煮晚餐了呦」，用湯匙在空鍋裡攪拌，假裝試味道。接著告訴孩子**「接下來換你試試看！」**，請孩子學著模仿。

■ 制定「遊戲規則」

告訴孩子「我們一起來煮晚餐吧。媽咪演奶奶（爸爸／阿姨／叔叔）喔」，接著完全變成該角色。

「我是奶奶喔。吃完晚餐之後，想不想吃餅乾啊？」

使用孩子聽過的台詞。最好的方式是請孩子連角色的聲音動作都要模仿。

■設置「專用空間」，以便隨時都能進行遊戲

這麼一來就不用每次都忙著收拾了。

■準備「小道具」

例如舊衣服和鞋子、小袋子或公事包、醫生遊戲組、木工道具等。也可以使用杯子、湯匙等食器類道具。只要運用想像力，這些食器也能用來當成其他物品使用。

■最適合用來玩角色扮演的「玩偶」

建議使用大小方便孩子操作的玩偶，例如可以換衣服、洗澡、托抱的人偶寶寶。

「協助」孩子扮演角色（三至五歲）

三到五歲的孩子，即使已經有了角色扮演遊戲的概念，仍舊需要大人的協助。

■運用「每天的情景」建立玩法

在超市陪孩子觀察周遭的人，解釋「店員的應對語言」和「結帳流程」給孩子聽，方便孩子回到家後更容易模仿。

■利用「孩子喜歡的故事」進行角色扮演遊戲

■自己製作「小道具」

不需要為了醫生角色扮演遊戲而特地去買白袍，可以用大人的白襯衫代替，脖子上再掛個用繩子黏上圓形紙板做成的聽診器。**和孩子一起動手做些簡單的小道具，也可以鍛鍊孩子的思考能力**。

■大人飾演「配角」

盡量把遊戲的主導權交給孩子，讓孩子來「監督」整個遊戲的進行和演技。如果孩子扮演醫生，父母就擔任患者或寶寶病患的父親。

■ **協助豐富劇情**

「接下來要做什麼？要叫救護車嗎？還有發生什麼事情嗎？」

■ **針對重複的劇情提出「新的發展」**

以醫生角色扮演遊戲來說，可以試著讓醫生搭上海盜船，或是將舞台拉到宇宙太空。或者讓同一個角色變換不同場景演出。

放手讓孩子自己玩（五歲以上）

五歲之後，孩子已經可以獨自設定詳細的劇情，用自己做的小道具來玩了。

■ **大人變成「協助劇情」的角色**

大人與其扮演其中角色，可以提供孩子意見就好。

■ **提供「材料」**

準備材料（積木、布、毯子、紙、剪刀、膠水）給孩子製作小道具。

■ 孩子開始靈活運用玩偶

過去自己套上衣服扮演角色的孩子，到了這個階段會開始運用玩偶，變換不同聲音來扮演多重角色，獨自進行醫生角色扮演的遊戲。

■ 以故事或繪本內容為基礎

孩子開始會以熟悉的故事為基礎，自行創作新的劇情來演。

■ 有手足的情況

父母可以請哥哥姊姊教弟弟妹妹一起玩角色扮演遊戲。

28 發展創造力的九大方法
——今後時代必備的重要能力

二十年後的生存之道

二十幾年後，成為大人的孩子們，會有著什麼樣的人生等著他們呢？要想在無法預測的世界生存，必須具備聰明操控人生的智慧與敏銳。未來的社會人所需的重要能力之一，就是「創造力」。

創業家、藝術家、企業上班族，公務員、志工、學者等。**任何一種職業所需要的人材，都是「具備創意思考的人」**。

一直以來，用來預測孩子學業成績和人生的智力測驗，對於「語言能力」、「邏輯（數學）能力」、「空間認知能力」方面的測定都非常有效。

不過漸漸地，研究人員和創業家、教育家等都開始認為，智力測驗無法測定的「創造力」，**對快速變化的社會而言具有相當高的價值**。

既然如此，創造力也能測定得出來嗎？

答案是可以。TTCT（Torrance Tests of Creative Thinking，托倫斯創造力思考測驗）是一種用來評斷獨特、大膽、精巧創意能力的指標，這幾十年來一直受到許多學校的採納。測驗內容舉例來說，有一條曲線，題目為「請完成這幅圖畫」。

提升創造力的有效方法

研究人員透過研究一出生就分別於不同環境成長的雙胞胎發現，**人的創意思考能力有三分之一來自遺傳，三分之二可經由訓練獲得**。

以下是「提升孩子創造力的九大方法」：

- 鼓勵孩子將興趣轉化為熱情。

- 接受並歡迎孩子的錯誤。英國的潛能開發與教育顧問專家肯・羅賓森（Ken Robinson）曾說過：「如果沒有會犯錯的覺悟，就無法激發獨特的思考。」
- 讓孩子接受視覺藝術（繪畫、攝影等）、話劇、閱讀計畫等相關課程。
- 發掘孩子的才能並給予支持。
- 重視孩子的學習內容，而非成績。
- 鼓勵孩子面對問題時思考多元的解決方案。
- 教孩子尋找答案的「方法」，而不是直接告訴孩子答案。
- 給孩子參考視覺思考的範本。例如想改變家具擺設時，可以和孩子一起描繪規劃。
- 使用假設或比喻的表現，激發孩子的創意思考。

（摘自保羅・托倫斯〈Paul Torrance〉與肯・羅賓森的對談報導）

鼓勵孩子多元嘗試

鼓勵孩子將**興趣轉化為熱情時，可以讓孩子從多元的角度去追求**。

例如，如果孩子對地圖感興趣，可以透過以下方式協助孩子進一步發展。

「將孩子的房間牆面貼滿地圖」
「玩地理相關的電玩遊戲」
「用黏土製作 3D 地圖」
「到古董店挖寶珍貴地圖」
「用描圖紙描繪地圖」
「影印街道地圖，畫上外出的路徑」
「在各種不同用途的地圖（航空地圖、地勢圖、氣候地圖、資源地圖）上尋找同一個場所」
「以都市規劃師的角度提出地圖重製的設計」
「訪問地圖製作家」

立刻嘗試！

散步時，和孩子針對眼前的景象推測發生原因和後續演變。

29 隨時回應孩子的「為什麼」

——不要覺得厭煩，讓孩子的「好奇心」徹底發揮

「四歲」是人生最多疑問的時期

四歲，是人生最常提出疑問的時期。父母一定要好好把握這個上學之前的機會。

研究學者海爾．葛瑞格森（Hal Gregersen）曾在《哈佛商業評論》（Harvard Business Review）雜誌中寫道：「孩子在學校很快就會學習到老師重視『正確回答』勝過『提出挑戰性疑問』。等到長大進入職場之後，他們的好奇心更早已被拋諸腦後。」

想要營造一個讓孩子**不斷提問「為什麼？」「如果？」的環境**，父母可以怎麼做呢？

當孩子永遠的「語音導覽」

方法之一，是詳細為孩子解說周遭的世界。以下是一位 SOHO 族父親（財經部落客）的文章。

我幾乎每天都有六個小時的時間，陪著兒子一起遊戲、學習。感覺差不多就像是美術館裡可以帶著走的自動語音導覽。例如，某天我們的對話如下：

「爸比，為什麼我們昨天做的攔水閘，會被小溪沖垮？」

「今天外頭很熱，對吧？你看溫度計，今天有三十度呢。小溪的水是從山上流下來的。這麼熱的天氣，你覺得山上的積雪會發生什麼事呢？」

（摘自 Avoiding Ivy League Preschool Syndrome, mrmoneymustache.com）

我也隨時提醒自己，要用這種方式對待才剛學步的女兒。她很喜歡聊關於單車的話題，喜歡戴著安全帽、轉動著單車的踏板。

於是，當我的單車輪胎爆胎時，我會請她將輪胎洩氣，讓她感覺其中差異，**並請她幫忙灌氣**。

與其告訴她「這很髒」、不讓她接近，這麼做對我和她來說，都是一件開心的事。

有一陣子，她對小蠟燭很感興趣。於是我從櫃子裡拿了一支小蠟燭，帶著她到沒有開燈的房間。我點燃蠟燭，將她抱在腿上一起觀察。

「好漂亮喔！」「用手摸的話，火燄會燙手喔」。我們輕聲細語地說著。她伸出小小的手指碰觸火燄。是幼兒版的玩火行為。我想那對她來說，應該是個很好的經驗。

CHAPTER 5

關係

親子間的交流能強化孩子的「身心靈」

這是一份小小的簡單宣言。
多多和孩子一起躺在床上聊天；
用擁抱取代嬰兒車；
用走路取代搭車。
多凝視孩子的雙眼，減少看畫面的時間。
用真心對待彼此。

30 不要什麼事都「自己來」

——學會放輕鬆「請求協助」

放輕鬆尋求協助

「我可以自己想辦法。」

有一次，當我提議要幫鄰居照顧孩子時，對方這麼跟我說。

另一位朋友則是在餐廳跟我說「沒關係，我可以自己來」，然後就自己帶著兩個孩子去上洗手間。明明我可以幫她看著坐在兒童椅上的孩子。

請求協助是一件相當難以啟齒的事。

因為不想造成他人的負擔，再加上請求協助容易讓人覺得自己做得不夠好。對許多人來說，都認為養兒育女必須靠自己。

但是，**請各位務必要克服這種無法開口請求協助的「心結」**。

相反的，如果朋友有所請求，各位會怎麼做呢？是否會樂於相助呢（但如果自己也有未滿六個月大的寶寶需要照顧，情況是有點困難）？

我們總是忘了，**「養育不借他人之手是不可能的事」**。這並非心志是否夠堅強的問題。人類尚未進化到可以獨自養兒育女。假單親成為社會的普遍現象，也是一直到近來才發生的情況。對自己抱持不切實際的期待，只會給自己帶來「孤立」和「情緒低落」、「絕望」、「罪惡感」。

立刻嘗試！

拜託他人「幫忙一下」吧！

人手多，育兒頓時變得更輕鬆

有句諺語說：「養一個孩子，需要全村的力量。」真正讓我瞭解這句話的意思，是有一次週末，我和年幼的女兒，以及我母親、兩個姊妹，和十四歲的姪兒與九歲的姪子，一起在飯店套房過夜的經驗。

難得相聚的我們，忘情地聊著家族間的事。女兒在房裡跑來跑去，但總有人看守著她，**情況和平時完全不同**。沒有人因此感到極大的負擔，而我則感到充分解脫。

以前沒有太多機會和寶寶相處的人（過去的我便是如此），**請一定要有所覺悟，照顧寶寶的辛苦絕對遠遠超乎想像**。

甚至有些地方是每八個小時由十四名大人共同照顧一個寶寶。

在育兒的過程中，需要他人協助的情況，遠比各位預期的還要多。

除非父母或親戚搬到家裡附近，否則就必須透過朋友和鄰居建立社群。**建立起網絡之後，不妨就實際多多運用吧**。

本文一開始提到的那位「鄰居」，當初我要是態度更堅定一點，她似乎也會接受。因此，後來當我問她「星期四我有空，可以幫你照顧寶寶。你幾點方便把小孩送過來？」時，她馬上回答我「中午十二點」。

31 用「同理心」對待另一半和孩子——一點小改變，就能讓身心變得更健康

改變說話方式，就能獲得幸福

婚姻生活圓滿的祕訣，就是「表現感情時，首先開口先從『同理心』開始」。

一般人最容易出現的表現是，例如一開口就急著教對方該怎麼做，或是雞蛋裡挑骨頭、袒護他人、改變話題等。

不過，**另一半真正希望得到的，是「同理心」**。各位不妨站在對方的立場，試著理解對方的心情。

「很遺憾發生這種事。我知道你一定覺得很煩，對吧。」

「這真的很讓人洩氣呢。我知道你的感覺，心裡會覺得一直有個疙瘩吧。」

「有這種事？還真讓人生氣呢。」

同理心有益健康

事實上，同理心對身體具有療癒的作用。

大腦平時會透過迷走神經來監控身體內臟器官。

當大腦感到同理時，會對迷走神經發出訊號，**透過降低心跳和血壓，使身體感到放鬆**。

同理心可瞬間改變人際關係

同理心是婚姻生活中非常有用的一項能力。因為就夫妻雙方意見不同的情況佔多數來說，很多時候都沒有辦法找出解決對策。

每個人都有各自不同的價值觀和動機、欲望。**跨越對立的最好方法，就是只管展現同理心就好**。

促使我和先生吵架的原因是因為，我是個夜貓子，而我先生是個早睡早起的人。每當我熬夜得太晚時，在以前，他會開始針對做人的責任對我說教。不過最近，他已經慢慢可以用同理心來看待了。

「你有睡飽嗎？」他說。

「沒有。只睡了差不多四個小時。昨天太晚睡了。」我回答。

「這樣不行啦。有什麼我可以幫你的嗎？」

當他第一次展現這種態度時，我完全放下了內心的不安，而且充滿感激。我感受到他的支持，而不再是攻擊。覺得自己和先生的距離變得更近了。**一句簡單的話，竟能產生如此巨大的變化**。

用同理心對待孩子，不要對孩子說「不可以」

對於剛出生的寶寶，「同理心」也有非常好的效果。

透過站在寶寶的立場思考，**可以減輕長時間抱著安撫、半夜換尿布等照料時焦慮**。

這一點我先生特別擅長。他對於哭鬧的女兒總是會溫柔地說「很傷心吧，好可憐喔」、「寶寶很難過吧」、「爸比幫你換尿布吧，換上乾淨的尿布就會開心了」。連我聽了也不禁心情變好。

即使寶寶長大了，同理心仍舊有效。舉例來說，當孩子想要得不到的東西時，父母可以說：

「那個東西真的很棒。**不過現在因為〇〇，媽咪沒有辦法給你**。不過媽咪可以給你別的東西。」

「我知道你還想吃藍莓，因為真的很好吃。不過你已經吃很多了，先等一下再吃吧。」

「這是剪刀喔。**你想玩這個對吧**。可是如果受傷就糟糕了，所以媽咪先把它收起來放好。我們來做點別的事。來畫畫吧。」

利用這種方式，孩子可以感受到大人有把自己的話聽進去。大人也可以解決問題，不用一直將「不可以」掛在嘴邊。

32 多說「正面語言」——可以建立良好關係的家庭，與終將崩壞的家庭

嚴守「這項原則」，家庭關係就能美好

婚姻生活，多少都會吵架。
當兩人互不相容時，各位會怎麼處理呢？

① 冷靜地彼此妥協
② 大吵一架，然後再和好
③ 完全漠視彼此價值觀的差異

事實上，這三種方式都可以建立幸福安定的夫妻關係。

只不過，有一個重要的條件。

婚姻研究家約翰．高特曼（John Gottman）表示，在婚姻生活中，**正面交流（肌膚接觸、笑容、讚美的語言等）必須比負面交流來得多**。

請各位回想自己的情況吧。

高特曼彙整了長達三十五年的研究，提出**「擁有幸福婚姻生活的夫妻」具備的幾項特徵**。

- 相處方式像感情親密的好朋友
- 意見相左時，冷靜地以正面方式處理
- 事後為吵架時的負面語言道歉
- 完全拋開負面情緒

毀壞家庭關係的「四大言行」

相反的，透過研究也可以發現，**日常中不斷出現以下四種言行的夫妻，平均五年半**

之內就會走上離婚一途。

■批評（criticism）

抱怨另一半的缺失。

「你每次東西都亂丟，只會留給我整理。怎麼會這麼邋遢呢？」（比較好的說法是：「如果你可以跟我一起洗碗，我一定會很開心。」）

■蔑視（contempt）

以貶抑的言語將對方說得一無是處。

例：「不能那樣做啦！」

■防衛（defensiveness）

否定責任（例：「如果是我就不會那樣做……」「雖然你沒有那樣做……」）。

針對無法控制的事情指責對方。

一受到責難就馬上為自己辯駁，完全不聽對方的抱怨（例：「你自己還不是也會做錯事」）。

■拒絕溝通（stonewalling）

不做任何回應（點頭或「嗯」、「然後呢」等附和），像石頭一樣沉默。

「（懂得經營婚姻生活的人）與其為自己辯護或傷害對方，即便正在吵架的氣頭上，也會坦然展現自己的愛，以及對對方的真誠關心和尊敬。」（《關係療癒》The Relationship Cure，約翰．高特曼、瓊安．迪克勒〔Joan Declaire〕合著）

圓滿的婚姻生活不是建立在避免對立上，而是巧妙地應對處理。這一點同樣也可以套用在親子關係上。

33 瞭解孩子「天生的個性」
——以適合孩子個性的方式育兒

每個孩子都有「天生的個性」

每個孩子都有各自的氣質。

有些寶寶個性冷靜、沉穩。不管羅宋湯或椰油藜麥粥都吃，不論雨天晴天都想往外跑。就算不高興，情緒也不會持續太久；只要解釋「不可以」的理由，他大抵都能接受。媽媽只要示範，寶寶就會跟著想嘗試。

有些寶寶不喜歡改變。喜歡在同一個時間，吃用同一種料理方法做出來的同一種食物。看到沒看過的玩具或人會害怕、哭泣。換個角度來說，只要花時間相處，他就會死心塌地地信任你。對嘗試新事物態度謹慎。

有些寶寶一旦產生興趣，就會一頭栽入其中。對凡事都感興趣，充滿活力，父母經常得在後頭追著跑，用心仔細預測孩子的下一步，有時還得急忙改變指示。這類型的孩子心志非常堅定且有毅力，可以說是個謀略家。對於變化相當敏銳，心情容易受到影響。

這些都是與生俱來的個性。

第一位針對孩童的氣質做分類的人，是研究學者史黛拉・崔斯（Stella Chess）與亞歷山大・湯瑪斯（Alexander Thomas）。他們從一九五六年至一九八八年，針對一百四十名孩童的研究數據資料，歸納出**九大氣質特徵**。

①活動量（Activity level）；②規律性（Predictability of rhythms）；③對新環境的反應表現（Willingness to approach new things）；④面對變化的適應力（Adaptability）；⑤情緒強度（Intensity of emotions）；⑥主要情緒（Predominant mood）；⑦分心程度（Distractability）；⑧堅持度／專注持續長度（Tolerance for frustration）；⑨敏銳度

（Sensitivity to external events）。

拜他們的這項研究成果所賜，如今大家都知道寶寶具備天生的氣質。而且這個氣質到了長大之後也幾乎不會改變，受父母影響有限，但是足以左右父母的育兒方式。

喜愛追求刺激和討厭刺激的孩子

湯瑪斯和崔斯發現，65％的孩子，可以分成以下三大類型（除此之外為混合型）。

①有彈性的隨和型孩子（easy child，40％）

適應力好。
飲食與睡眠規律。
可輕易接受新的刺激。
面對變化冷靜沉穩。

■

②急躁、好動的難養型孩子（difficult child，10%）

難以適應變化。

飲食、睡眠不規律。

抗拒新的刺激。

對於變化反應過度。

■

③謹慎、需要時間敞開心房的慢熱型孩子（slow-to-warm-up child，15%）

無法輕易適應變化。

飲食、睡眠不規律。

抗拒新的刺激。

面對變化初期反應冷靜，但多次經驗後會更堅定自己的想法。

幫助周遭人瞭解孩子屬於哪個類別

我會讓女兒挑戰適合大小孩的攀岩活動，或是體驗難度較高的戶外活動。我的朋友對此為我感到擔心。不過對我來說，像她那樣不讓孩子接觸這類體驗，才真正讓我感到擔憂。

當然，父母是最瞭解自己孩子的人，會選擇對孩子（也是對父母而言）最好的決定。不過，對於不確定自己的選擇是否妥當的新手爸媽來說，很容易將他人的意見當成了「批評」。

這種時候，處理的方法之一是，**讓對方瞭解自己孩子的個性類型，以避免孩子受到批評**。針對怕生的孩子，父母可以讓周遭的人知道「他需要花點時間來熟悉，可以請你等他主動嗎？」。或者，對於好動的孩子，父母可以說「他的精力有些過於旺盛。不過身為父母，我很佩服他全力以赴的態度」。

氣質沒有「好壞」之分

湯瑪斯和崔斯確立的九項氣質特徵當中，沒有一項「在任何情況下皆屬完美」。每一個都有好有壞。

「堅定、有毅力的孩子」，雖然在交朋友時個性可以發揮作用，不過和他人意見不合時，這種個性就會導致自己心力交瘁。「內向的孩子」雖然不會惹麻煩，但另一方面，在學校的自願性競選上就會因此錯失機會。

與生俱來的氣質一般來說不會有太大的變化，不過**外在的表現方式會逐漸改變**。透過溫柔的引導，「內向的孩子」或許也可以毫無壓力地與人建立關係。

根據心理學家傑羅姆・凱根（Jerome Kagan）的說法，即便是個性極端的孩子，到七歲之前都會漸漸往中間偏移。

假如氣質成為預測孩子未來的指標，**重要的不是「成為」什麼樣的人，而是「不要成為」什麼樣的人**。

親子之間有所謂的「適合度」

如何看待自己孩子的氣質，全憑父母的決定。無論氣質如何，倘若與自己的價值觀或生活風格、期待不符，應該會覺得難以相處吧。

湯瑪斯和崔斯將此稱為「適合度」。

與孩子之間適合度低的父母，增近彼此關係的方法只有一個，就是**父母調整自己的期待和生活方式，並調整孩子的成長環境**（例如對於好動的孩子要增加戶外活動時間）。

即使和孩子相處融洽，瞭解孩子、找到適合孩子的教養方法，也都需要時間。

女兒剛學會走路的時候，對於新事物總是特別好奇。我認為她可以快速適應陌生的新團體，於是將她放在人群中，自己退到一旁觀察。結果不一會兒，她就回到我身邊，緊緊抱住我的腳。這讓我有點失望。

不過，後來我發現，只要我**花一分鐘坐在她身邊緊緊抱著她**，沒多久，她就能開心地自己融入人群中了。

讓「拗脾氣的孩子」獲得安全感

無論是哪一種氣質的孩子，偶爾一定都會拗脾氣。傍晚時分是所謂的「災難時間」，在這個時候，新生兒總是會不停哭鬧，讓父母完全無計可施。

此外，幼兒也會突然有一段時期，**無論爸媽說什麼都「不要！」，變得不可理喻**。

不僅如此，隨著自我意識成長，也會變得任何事都堅持要「我自己來！」——卻偏偏都是在匆忙的時候。

易怒的孩子經常會因為小事感到焦躁，變得不開心。因此對所有父母來說，這類型的孩子都是最令人頭痛的對象。

不過，有幾個妙招可以讓育兒變得更輕鬆。

給予孩子持續不斷的關注

研究顯示，對於反應過度的寶寶，媽媽會漸漸保持距離，變得愈來愈不關心，也不再陪寶寶一起玩。**要想讓寶寶獲得安全感，最重要的是時常以同理心去瞭解寶寶**。

接受「訓練」

針對六個月大「易怒」孩子的父母，經過三個月敏銳察覺孩子需求的訓練之後，半年後，一歲大的孩子有七成會變得穩定而惹人疼愛。相對於此，沒有接受訓練的父母的孩子，只有三成會有所改變。建議各位可以去找些育兒講座或育兒課程來參考。

■以「一貫的態度」對待孩子

反應過度的孩子的父母，在教養上容易變得缺乏一致態度。這會使得孩子反應愈來愈激烈。

■在孩子拗脾氣時先「深呼吸」

如果孩子和媽媽之間，有人個性容易反應過度，孩子會變得更加反抗且具有攻擊性。當情緒高漲時，為了避免加深彼此的對立，媽媽不妨暫時「深呼吸」，讓情緒冷靜下來（請參照273頁）。

34

每星期舉行一次「二十分鐘的家庭會議」

——有「說話的機會」，就能預防問題發生

提升「自我思考能力」

各位和家人之間，都是在什麼時候進行「談話」的呢？是早上大家趕著上班上學的時候？還是吵架吵得最兇，或是生氣的時候呢？建議大家可以利用全家人一起吃飯的時候，彼此分享當天發生的事。

各位不妨每個星期抽空二十分鐘開家庭會議。

布魯斯．法勒（Bruce Feiler）在著作《意想不到的幸福家庭秘訣》（The Secrets of Happy Families）中提到，這麼做的家庭具有以下幾個特徵：

●壓力較少，彼此溝通變多，工作效率變得更好。
●孩子在面對自己的問題時，可以自己找出獨特的解決對策。
●可以冷靜地做出決策（例：「原來是這樣，這真的會讓人生氣呢。等到家庭會議時我們再一起討論吧。」）

「家庭會議」的討論事項

一旦決定好家庭會議的時間，**所有人都務必空出時間**。討論的內容比起個人的事，最好把焦點放在全家人共同的話題上。孩子差不多從三歲開始，就能一同參與會議。

在家庭會議上，可以提出以下三個問題：

①在這一週，家裡發生了哪些好事？

也可以從讚美家人開始說起。例如「幸好……」、「我想謝謝○○」。

②在這一週，家裡發生了哪些不如意的事？

指責家人不是的時候，記得保持該有的禮貌。

③在接下來的一週內，有什麼應該處理的事？

針對應該處理的一兩個問題，全家一起思考對策。**無論任何意見，都不要當場給予否定**。可擷取其中獨特的想法。歸納所有意見，大家一起討論，選出最終的解決方法。經過大家同意之後，實際嘗試一段時間，之後再透過家庭會議討論決定。

全家人一起花兩三週的時間練習，直到大家習慣家庭會議的方式。也可以在會議結束後加上看電影或吃冰的「慰勞時間」，讓每週一次的會議變得更開心。

「家庭會議」範例

晚餐總是留下一堆剩菜——這是納特金家某一次家庭會議的討論議題。在發表意見的時候，孩子們提出了幾項建議。

「確實計算每一盤菜的份量？」（媽媽的心聲：連豆子都要一顆一顆算嗎？）

「增加每個人吃的份量呢？」（媽媽的心聲：早就已經這麼做了……）

「乾脆計算大家吃掉的重量好了！」

大家都贊成值得一試。

接下來幾天，每個人的飯菜盛好之後就立刻秤重，吃完之後再分別秤重，計算出每個人吃了多少公克。

三天後，剩飯剩菜的份量減少了許多。

孩子們開始減少拿取的份量，要不就是努力把盤子裡的飯菜吃光。無論哪一種作法，**計算重量都讓大家產生了意識和責任感**。沒多久，即使不秤重，情況也有所好轉了。

與其媽媽單方面要求大家怎麼做，**全家人一起思考對策，反而可以大幅改變大家的行為**。

35

別在孩子面前使用「手機」

——「交談時看著對方的眼睛」可以提升孩子的溝通能力

不要讓手機奪走了你的時間

別在孩子面前使用手機——這種說法似乎會引來不少激烈的抗議。但是，如此「偏激的」反應，「真的」有必要嗎？

關於手機和其他數位裝置的影響，目前尚未有任何確切的科學研究數據證明。不過，我們確實知道什麼對人類這種生物最重要。這些訊息，或許可以為人類使用手機的方法提供一些想法。

人生最重要的是「人際關係」的能力

爸爸、媽媽、兄弟姊妹、朋友。再稍微大一點之後，還有同學和老師。等到出了社會，還有同事和上司。還有戀愛對象。總有一天，孩子都必須面對這些人……究竟該怎麼做，才能和身邊的人建立良好關係呢？

從小開始透過**「與人交談時看著對方的眼睛」**，可以學習到許多事情。包括溝通能力、體貼的心意，以及控制自己的情緒和行為。

不僅如此，**多數的溝通，都是由解讀「表情」和「舉止」等語言以外的彼此往來構成**。

孩子必須不斷練習「解讀他人的心意」

許多研究顯示，學會理解溝通當中語言以外的訊息，需要花上一段時間。

- 比起兩歲幼兒，三歲的幼兒更能理解補充語言的表情含意（例如媽媽在說完「把玩具收好」之後，臉上出現的「請快點行動」的表情等）。
- 四歲的孩童在某種程度上，已經可以從行為舉止中解讀其中包含的情緒。到了五歲，這種能力更臻成熟。

● 八歲的孩童，已經差不多和大人一樣可以解讀非語言的訊息了。

如果父母沉迷於數位裝置中，孩子就無法學習到「解讀他人心意」的能力。**良好的人際關係是幸福的祕訣**。和孩子、另一半、朋友直接面對面相處，可為自己帶來更富裕的人際關係。這才是擁有幸福人生的關鍵。

取消信件通知，收起筆電

當年幼的女兒在身邊時，我總是嚴禁自己使用手機和電腦。

雖然每天都會失敗一次，但還是值得繼續堅持下去。**數位裝置是一種會讓人不自覺長時間使用的工具**。

這種時候，我很清楚孩子正因為自己受到漠視而感到憤怒。如果想溝通的對象心思只放在螢幕上，換成是我，也會有同樣反應。

所以，我都是趁著孩子在娃娃椅上玩的時候，自己跑到廚房迅速處理信件。或是在孩子放上運動嬰兒車出門跑步運動之前，趁著她看不到的時候上網收信。**手機只要取消自動收信功能，讓信件訊息不再出現，就不會覺得非得馬上讀訊不可。**此外，將手機轉為靜音模式，人就不會分心。至於筆電，就等到孩子午睡或晚上睡著之後再使用。

我的意思不是要大家完全避免所有數位裝置。只是，**請各位好好想想，這些東西究竟奪走了自己多少時間？**這或許可以讓你趁機重新調整這些東西的使用方法和時間（請參照212頁）。

在現今的時代，營造真實交流的時間和環境，需要靠大家的努力才行。

36 兩歲之前「盡量」別讓孩子看電視
——電視會減少親子之間的對話

為什麼不能看電視？

「電視真的這麼糟糕嗎？」「應該沒那麼嚴重吧？」這是多數人的心聲。實際上，三個月大的寶寶，有四成的人會看電視。到了兩歲，有近九成的人每天會看一至兩小時的電視或影片。

美國小兒科學會（American Academy of Pediatrics，AAP）於一九九六年發表了一份關於孩童看電視的建議。當時，大部分的媒體報導都將學會的立場定位為**「孩童兩歲之前完全不能看電視」**。

後來，大家發現這是「不可能的事」。於是在二〇一三年將說法修正為該學會「不鼓勵」讓兩歲之前的孩童接觸電視。

電視會阻礙「孩童應有行為」的發展

嬰幼兒看電視究竟會產生什麼問題呢？

問題有以下幾個：

■電視的「正面影響」尚未獲得證實

即便是坊間的幼兒「智育發展DVD」，效果也有待商榷。**至少直到幼兒期之前，人類的大腦都是設定為從人身上獲得學習。**透過面對面的交流，大腦會啟動過濾機制，決定是否進行學習。

■智育發展DVD反而降低了孩子的「字彙」能力

有研究顯示，看過幼兒智育發展DVD「小小愛因斯坦」（Baby Einstein）的寶寶，比起沒有看過的寶寶，字彙能力相對較弱。這項研究結果甚至引發消費者向影片發行公司迪士尼索賠，而迪士尼也確實付出了賠償金。

此外，在其他兩項研究當中也證實，《芝麻街》（SESAME STREET）會對未滿兩歲幼兒的語言表現能力造成損害（但是對兩歲以上的孩子，在學前準備等其他方面確實能提供協助）。

孩子變得不愛「交流」

當孩子正在看電視時，不會與人做出眼神相視的交流，甚至聽不到媽媽說話。也就是說，**這時候的孩子不會做出任何「冒險」、「遊戲」、「活動」等促進發展的關鍵行為**。

換言之，「孩子變得不愛與人交流」成為了一大問題。這就是為什麼看電視不適合孩子的原因，因為它會**停止孩子應有的行為表現**。

要求剛學步的孩子好好坐著三十分鐘，讓媽媽打掃。這段期間，孩子應該不至於會將所有抽屜的東西全拿出來亂丟在地上。會選擇讓寶寶看「智育發展 DVD」而不是電視，單純只是父母試圖減輕自己的罪惡感罷了。

更進一步來說，讓孩子看電視的真正理由，說不定是以下幾項：

■父母只是想休息

即便如此，卻不是選擇向另一半或鄰居、親友等人尋求幫忙（170頁有相關建議）。

■父母只是想完成手邊的事情

當父母想做事時，如果寶寶專心在其他事物上，對父母來說會比較輕鬆。不過，如果可以調整自己對現實的期待，壓力就能減輕不少。

即使父母正忙著其他事情，只要寶寶在自己身邊，不妨就以寶寶為第一優先。當然，這麼一來能做的事會變得很少，所有家事得花五倍的時間才能完成。不過，**這樣真的不行嗎？**

溫和式地推動「禁看電視」策略

我們家的作法是「禁看電視」。不過，保姆有時候也會讓女兒看電視，我們也曾經到習慣吃飯看電視的朋友家作客。此外，看運動賽事也是例外之一。

即便如此，我對於家裡「禁看電視」的規定仍然感到滿意。

關掉電視之後，親子間的相處明顯變多了，也變得更開心、更有趣。

研究顯示，**家裡開著電視時，父母對孩子的關心會減少20％**。對於這樣的數據，我非常能夠理解。

美國小兒科學會也不建議「完全禁止電視」，因此我並不會對孩子偶爾看電視感到罪惡感。

37 兩歲之後可多「利用」電視

——根據標準選擇「優質節目」

選擇「參與型」的節目

兩歲之後，孩子可以從參與型的電視節目中獲得學習。

例如，節目角色會：

「直接對孩子說話」

「給孩子回答的機會」

「給孩子說出物品名稱的機會」

具備這種特質的教育節目（《妙妙狗》〔Blue's Clues〕、《愛探險的Dora》〔Dora the Explorer〕等），可以提升孩子的「字彙能力」和「社交能力」，有助於「學前準備」。

為什麼是兩歲以後？

根據研究，**孩子在一歲半到兩歲半之間，大腦的訊息處理能力會產生變化，變得容易專注在電視上**。

到了這個年齡的孩子，隨著反覆觀看電視畫面，可以漸漸從中學習到掌握訊息的能力。

■提升「字彙能力」

實驗數據顯示，看完參與型電視節目的孩子，比起沒有看過的孩子，字彙量相對較多（相反地，看完《天線寶寶》等非參與型節目後，字彙能力反而變弱。此外，看完迪士尼電影之後，字彙能力則有增有減）。

■增加「社交能力」

可以讓三歲的孩童觀看成人取向的諷刺性卡通嗎？或者應該讓他們看動物們相互扶持的兒童取向卡通呢？

在近來的研究中發現，從原本暴力性題材的成人取向卡通，改看具有社交意義（例：

「同理心」、「互助」、「透過暴力以外的方法解決紛爭」等）的兒童取向卡通，可以減少學齡前幼兒的攻擊行為。

■在上小學之前學會「念書」

有研究顯示，在中低收入階級的孩子當中，有看教育性節目（例如《芝麻街》等）的孩子，**比起沒有看的孩子，三年後的學校課業成績要來得更高**。

看電視的時間「一天最多兩個小時」

根據美國小兒科學會建議，兩歲以上的孩童看電視和其他螢幕的時間，每天最好控制在兩個小時以內。

理由如下：

■看電視的時間會導致「肥胖」

看電視的時候有時會吃東西，但是不會活動身體。看電視是一種極度被動的活動，

比起坐在書桌前，身體的新陳代謝率會變得更低。每天看電視或 DVD 超過兩個小時以上，就會對健康造成危害。

■佔據了「閱讀時間」

研究數據顯示，相較於其他家庭，整天幾乎開著電視的家庭（佔家裡有年幼孩童的家庭近三成），三至四歲的孩童閱讀時間少了25％，五至六歲的孩童甚至少了將近40％。

■妨礙「遊戲」

電視開著沒人看時，孩子看起來只是偶爾看個幾眼，注意力並不在上面。

不過，針對一歲到三歲的孩童進行調查發現，實際上，家裡電視開著的時候，**孩子遊戲的時間會相對減少，注意力很難集中在遊戲上，會不停地更換玩具，也比較少進行需要花時間的遊戲**。

■「專注」的時間變短了

研究顯示，一天看兩個小時以上電視的孩子，**專注力的持續時間相對較短**。

■妨礙「睡眠」

一天看兩個小時以上電視的孩子，通常睡眠問題會明顯變多。

晚上看電視也不太好。有些父母認為看電視有助於哄睡，不過根據研究顯示，看電視會造成孩子晚睡和難以入睡，也會使得寶寶睡得不安穩，睡眠時間變短。**睡眠不足以長期來看，對寶寶的學習能力會產生負面影響**。當然，也會影響到隔天的心情和行為。

還有其他「陷阱」！

尚未接受社會規則洗禮的孩子，對於電視上的內容會不經思考地直接「模仿」。

■年幼的孩子也會模仿「暴力性節目」

女兒一歲七個月大時，在看完美式足球比賽之後（加上我先生多少的指導），她開始學會兩手高舉、大喊「達陣！」的動作。雖然很可愛，但她撲倒在地，以頭槌姿勢向我衝來的舉動，實在讓我很困擾。

兩歲到五歲的孩子，還無法明確區分幻想與現實的差別。

某個研究提到，這個階段的孩子甚至連「高度非現實的行為」都會模仿。各位的孩子現在所看的電視內容，是身為父母的你想讓他們模仿的嗎？

■尚無法領會「深層含意」

在某個案例中，反覆收看某個教育性節目的孩子漸漸變得愈來愈暴力。他所表現的行為並非身體上的暴力，而是在與人相處上，只要其他孩子沒有回應他的要求，他就將對方從生日派對名單中刪除，或是在團體中排擠對方。

造成問題的節目，內容包含了人際關係的爭執等對立情節，最後再以重修舊好收場。然而，在孩童單獨觀看的情況下，**只會注意到劇中的對立，忽略了劇情想傳達的「道德觀」**。

舉例來說，以小狗為主角的卡通《大紅狗》（Clifford the Big Red Dog），其中一集的主旨為「某些人外表雖然和一般不同，但還是可以做朋友」（劇中出現一隻只有三隻腳的小狗）。不過，九成的幼兒園孩童對於這樣的訊息並無法理解。

陪孩子一起邊聊天邊看電視

關於孩子看電視，父母應該怎麼做才對呢？

■陪孩子一起看電視

許多研究都已經發現能減輕電視的負面影響、且帶來正面影響的方法。答案就是**父母陪同孩子一起觀看，針對內容互相討論**。

根據專門研究孩童與科技的教育顧問梅莉莎．蘭登（Melissa Lander）表示，首先要做的，是選擇可以親子共樂、適合孩子的節目，陪孩子一起觀看。接著作法如下：

■當劇中人物提出問題時，父母要馬上回答

這麼做或許會讓人覺得很愚蠢，不過，這麼做對於最後的正面影響，會帶來非常大的差異。**唯一的鐵則就是「一同參與！」**。劇中人物要你「數數看」，就請跟著數；看到「咒語」就跟著一起唸；聽到熟悉的歌就跟著一起唱。

由父母提問

父母提問是引發孩子思考電視內容的最好方法之一。可以趁著廣告的時候問孩子。如果是錄影帶，就暫停影片，向孩子提出可以自由作答的問題。例如：

「你覺得那個孩子為什麼會有那種感覺？」

「你知道為什麼會變成那樣嗎？」

將內容與「日常生活」做連結

當劇情出現大家一起到水族館玩的情節，不妨和孩子聊聊過去到水族館玩的回憶。當劇中人物因為積木壞掉而難過時，可以和孩子回想過去積木壞掉難過的心情。

結束之後針對內容互相討論

看完電視後，可以和孩子一起複習節目內容。問問孩子的感想，或是重新回想劇情。也可以問孩子喜歡哪個角色或片段，也分享自己喜歡的部分。**以教育性節目來說，如果大人事後可以帶領孩子加強學習，效果會更好！**

立刻嘗試！

學齡前幼兒看電視的時間平均為每天四個小時，這個數字是美國小兒科學會建議上限的兩倍。在一份以兩歲半至五歲半孩童的研究當中，**發現一個減少看電視時間的方法**。

請各位依照以下順序試試看。

① 親子共同製作一份「看電視以外想做的事」的清單。

② 親子共讀繪本《貝安斯坦熊：看太多電視啦》（The Berenstain Bears and Too Much TV，史丹・貝安斯坦〔Stan Berenstain〕、珍・貝安斯坦〔Jan Berenstain〕合著），並進行討論。

③ 試著一個星期不開電視。和孩子共同製作一張「禁止看電視」的紙張，貼在電視上。改做清單上所列的快樂的事。

38

將看螢幕的時間當成「親子交流時間」

——減少看螢幕時間的祕訣

「教育應用程式」並非百利而無一害

「教育性」的應用程式和電玩非常多，但孩子不一定可以從中獲得學習。關於這類應用程式的選擇，研究發現有以下兩項基準：

①程式「**互動功能**」愈多，孩子愈能從中獲得學習。例如需要觸控才能聽到單字發音的程式，比起單純被動式接收的程式，可以學到更多。

②程式愈具備「**社交要素**」愈好。例如，需要兩人共同操控螢幕的程式，比單人使用的程式，可以獲得雙倍的學習。

兩歲以上的孩子，大腦已經具備螢幕學習的能力（請參照203頁）。不過除了學習之外，**還有許多孩童健康發展上不可或缺的重要事物，例如「人際關係」、「運動」、「遊戲」、「聊天」等**。因此，美國小兒科學會建議，孩童每天接觸螢幕（包括電視、電腦、手機等）的時間最好不要超過兩個小時。

看電視和電腦的原則

讓孩子接觸螢幕有以下幾項原則：

■慎選「內容」

選擇適合孩子觀看或使用的內容，給孩子書本、網站、電玩或應用程式。

■決定每天的「時間限制」

依照每天生活的優先順序，決定接觸螢幕的時間。**「運動」、「遊戲」、「睡眠」對孩童的大腦發展相當重要，必須列為最優先**。

■決定看螢幕時間和遊戲時間的「比例」

舉例來說，活動身體的遊戲與看螢幕的時間為三比一。三至五歲的孩童，白天每個小時至少要遊戲十五分鐘。

■採取「票券制」

製作一些寫著「〇分鐘」的小紙條，在週末時發給孩子。只要孩子做到父母重視的事（例如幫忙、認真遊戲、有禮貌等），就能「獲得」時間票券。讓孩子自由選擇要單張使用或集中使用。

■一旦「上癮」就取消使用

目前沒有研究顯示，幼兒時期不接觸電腦會對將來造成不利影響。即使等到孩子大一點之後，同樣可以迅速學會操作螢幕。**不過，一旦發現孩子對螢幕出現上癮的徵兆，不妨暫時取消使用**。

■減少「父母接觸螢幕的時間」

決定孩子接觸螢幕時間長短的最大因素，不是父母訂下的規則或全家人一起觀看的時間，而是「父母接觸螢幕的時間」。如果孩子對於自己觀看螢幕時間只能和父母一樣久有所抗拒，父母不妨就努力改變自己看螢幕的習慣。

立刻嘗試！

數位裝置可以用來作為「體驗學習」的輔助工具。舉例來說，**我會在搭公車時讓孩子看地圖應用程式，告訴她現在自己的所在位置**。

飼養毛毛蟲時，除了讓孩子實際觀察蟲蛹進化成蝴蝶的模樣之外，也可以讓孩子觀看進化過程的快轉影片。

「專家」都怎麼教自己的孩子？

讓我們來看看，從事相關研究的專家們，都是怎麼面對孩子接觸螢幕的問題。

幼兒發展專家，同時也是華盛頓大學與西雅圖兒童醫院小兒科教授的迪米崔·克里斯塔基斯（Dimitri Christakis），曾在《環球郵報》（The Globe and Mail）中針對家庭規則提出說明。

「我也同樣身為父母，在我們家，當然也有屬於我們的規則。訂定家庭規則，不就是父母該做的義務嗎？而且，我認為美國小兒科學會建議的**『每天兩個小時』的限制太長了**，我本身並不推薦大家這麼做。

在我們家，平日禁止基於娛樂而使用螢幕。這裡所謂的『娛樂』，指的是『不用大腦』的意思。

例如，我那十五歲的兒子會利用電腦作曲，這就不算是『不用大腦的娛樂』。此外，發送訊息也不包括在內。再怎麼說，**訊息往來畢竟是國高中生的主要溝通管道**。在我家，發送訊息的時間都視為是電話時間。」

育兒指導員兼社工人員的瑟琳娜・納特金在受訪時也提到：

「我家的規則是，平日每天可以使用螢幕二十分鐘，週末則比較久。這是因為平日扣掉重要的睡眠、遊戲、寫功課、吃飯時間之後，所剩的時間也不多了。

這項規則的制定，五歲和八歲的女兒也有一同參與。是要週末時間長一點，還是平日不使用，或者每天設定使用時間等，全由她們兩人共同決定。

觀看內容也並非什麼都可以。只有扣除廣告的節目錄影，以及經過父母確認的應用程式和網站才能觀看。」

陪孩子一起玩電玩

我還記得小時候，我用家裡第一台電腦，在姊妹兩人的加油聲下玩電玩遊戲「Mike: The Magic Dragon」。遊戲內容必須一邊躲避敵人的攻擊，一邊搭乘降落傘撿拾字母，拼出「DOS」或「PRINTER」（好宅！）等電腦用語。

這雖然是我最喜歡的遊戲，但我覺得，**正因為是和姊妹們一起玩，所以更加開心**。

如果孩子喜歡電玩，建議父母也一起陪同。彼此分享勝利的喜悅和失敗的懊惱，讓孩子學習到必須具備耐心，才能精進自己，獲得勝利。

39 提升孩子的「自我解決能力」

——協助孩子「克服困難」

接受「失敗」、「難過」和「無聊」

看著自己的孩子難過是一件非常痛苦的事。但是，如果父母替孩子解決了所有問題，孩子就學不到自己解決問題的能力。

父母最好要讓孩子做好成為大人的準備。也就是說，父母可以協助孩子認識**「困境是可以克服的」**，並且讓他學習擺脫困境的能力。當孩子受傷時，不是讓孩子遠離痛苦，而是教導他健康面對、處理的方法。

以下就為各位介紹四個促進孩子發展「自我解決能力」的方法。

■ 等待

當剛學步的孩子想打開瓶蓋時，各位是否觀察三秒就想出手幫忙了呢？不過，這時候**請稍微等待一分鐘**。

將孩子抱在腿上靜靜等待。也可以教孩子「沒錯，向左邊轉開。啊，向左轉又向右轉，蓋子就打不開了呢，對吧？」。

如果孩子只差一點就成功了，可以鼓勵他「加油！」。**如果發現孩子似乎想放棄，可以問孩子「需要幫忙嗎？」**。

這時候可以握住孩子的手轉開瓶蓋，讓孩子知道扭開瓶蓋的感覺。

■不只是說，還要讓孩子實際體會

當三歲的孩子不想穿外套時，可以告訴孩子「外面的天氣不曉得怎樣？」，帶著孩子一起到玄關感受一下。「呼，好冷啊！還是穿上外套比較保暖吧。」

■接受「不愉快的情緒」

不僅是快樂的情緒，尷尬、羞愧、抱歉、後悔等，**確實認知不愉快的情緒，當感受到這些情緒時，就坦然說出口**。這種能力意外地十分重要。

對待孩子也是，要讓他好好感受這些情緒，而不是否認不愉快的情緒。不要急著想保護孩子遠離痛苦的情緒，最好能夠和孩子聊聊，共同找出擺脫並拋開情緒的方法。

確保孩子的「自由時間」

如果為孩子一整天塞滿各種行程，或是讓孩子接觸太久的螢幕，孩子會因為沒有時間感到無聊，而學習不到打發時間的方法。自由時間對於**經常處於忙碌中的孩子來說，一開始會感到窒息，漸漸地會愈來愈焦慮**。由於不知道怎麼自己打發時間，因此會變得依賴父母。

無聊是一種擔心、焦慮的狀態。為了從中擺脫，大腦會想盡各種有用的辦法，例如幻想、想像、針對問題或計畫深入思考等。

所以研究人員才會說，**「無聊可以激發出學習和創意」**。

下回當孩子告訴你自己很無聊時，不妨試著回答他：「是喔。媽咪現在在看書。那你要做什麼呢？」

CHAPTER 6

管教

與其斥責孩子，不如透過規定學會「能力」

「管教」（discipline）一詞，
原本出自於「教育」和「學習」的意涵。
最厲害的老師，是兼具「嚴厲」與「溫柔」。
教導孩子一輩子的能力，是父母的責任。
例如良好的溝通能力和體貼、尊敬他人等。
要求孩子「按照父母說的去做」，並稱不上是管教。

40

最有效的管教是「溫柔」而「堅定」

——育兒要以「民主型」為目標

父母的育兒方式，決定了孩子的一生

對於擁有下列特徵的孩子，有所謂較輕鬆的育兒方法。

- 獨立性強
- 有自信
- 社交能力好
- 穩定
- 正面思考

這類型孩子的父母，通常能夠巧妙地應對孩子的要求並提供協助，讓孩子以嚴謹而尊敬的態度遵從父母的規定。美國加州大學柏克萊分校的研究學者戴安娜・鮑姆林德（Diana Baumrind）**將此稱為「民主型」的育兒方式**。

一九八〇年代後半之後，許多研究證實，**父母的育兒方式深深影響著孩子的社會行為**。

父母的育兒方式並不能保證孩子將來能成為什麼樣的人。因為**父母對於孩子的影響有限，大約佔了20～50％**。其他還有「基因」、「朋友」、「文化」、「父母以外的大人（照顧者、老師、祖父母、教練）」等要素。

雖然如此，只要做得到，父母還是會想為孩子盡力，是吧？

四種「育兒方式」

■ 獨裁、支配型的父母

嚴厲，毫無溫柔可言。

規定嚴格，沒有任何說明就要求孩子遵從。

孩子大多規矩有禮，但最重要的「自制能力」發展緩慢。此外，善惡判斷的基準不在於內在規範，而是根據處罰的威脅等外在控制，因此道德判斷能力相當差。

〈「獨裁、支配型父母」的說話方式〉

「喂！不要插隊！讓開，讓那個小孩先過。」

「好了，回家了。」如果孩子繼續再玩，便直接將孩子抱走。

「站住，把鬆掉的鞋子穿好。」

「請你現在立即去道歉。下次如果再犯你就知道了。」

「坐下。」

「肚子還會餓嗎？可是你剛已經吃過零食了，我們說好只能吃一個。」

■民主型的父母

嚴厲而溫柔。關心孩子，總是回應孩子的需求，對孩子有高度期待。刻意培養孩子獨立的能力與自我主張。制定規則時會讓孩子加入討論，明確告知孩子違反規定的後果。

管教孩子的方式是透過教導，而不是處罰。

〈「民主型的父母」的說話方式〉

「○○，要排隊喔。」

「再五分鐘就要回家囉」、「再玩一次溜滑梯，然後就要穿上外套回家囉。」如果孩子繼續再玩，便直接將孩子抱走。

「很厲害喔，虧你想得到。鞋子都掉了，你還有辦法穿著爬山呢。」

「生氣的時候不能打人喔。應該怎麼做才對呢？你再打人的話，我就要帶你離開這裡了。」

「要好好坐在娃娃車上喔。如果你掉下來受傷了，媽咪會很難過的。」

「肚子還會餓嗎？看你是要吃葡萄或起司都可以喔。」

■消極、被動型的父母

溫柔卻不嚴厲。因為愛孩子而親子之間經常聊天，不過卻寵過頭了。不想製造親子間的對立，討厭紀律，因此對孩子沒有任何規定。

孩子自視甚高，不過個性衝動，容易染上毒癮或酒癮。在校也很容易被捲入麻煩當中。

〈「消極、被動型的父母」的說話方式〉

只會看著孩子的插隊行為，並向對方父母輕笑道歉。

「該回家了，可以走了吧？」如果孩子繼續再玩，父母也跟著坐著不動。

「把鬆掉的鞋子重新穿好不是比較好嗎？」

「你再打人的話，我們就要回家囉。媽咪說什麼？不要再做了。你想回家嗎？媽咪已經跟你說過不要打人了。住手。你想回家嗎？再打人就要回家了喲。」

「可以坐好嗎？坐著比較安全啊。好吧，只能站一下喔。」

「肚子還會餓嗎？好吧，看你想吃什麼就吃吧。」

■漠不關心的父母

既不嚴格，也不溫柔。

只給予孩子最低標準的照顧，其他一點都不關心。**這類型的父母養育出來的孩子非常容易步入歧途**。

決定自己的「育兒方式」

影響育兒方式的因素包括孩子的氣質、父母的氣質、父母所受的家庭教育、周遭父母的育兒方式等。甚至睡覺時孩子哭鬧的次數，也會影響到父母的育兒方式。

獨裁、支配型的育兒方式是透過威脅和打罵要求孩子聽話，因此就某種意義上來說非常「輕鬆」。

民主型的育兒方式比較費時，更需要體力和耐心。因此，最好抱著失敗再繼續嘗試的心情來挑戰。**如果父母個性較急，或者身邊沒有可作為範本的民主型父母，挑戰起來可能有其難度**。

比起視情況應對，事先決定好自己的育兒方式會比較容易。我每天都會做些微的調整。最終還是取決於父母的選擇。也可以透過諮商師或育兒專家、媽媽教室等獲得協助。

選擇適合孩子氣質的育兒方式

即便選擇了民主型的育兒方式，**至少也要設定一個標準，以此作為彈性應對**。民主型的方式對於大膽、可以自我主張的配合型孩子來說相當有效。

對於個性衝動且反抗型的孩子而言，為了防止暴力或攻擊性的人際關係，最好為他設下限制，嚴厲（偏獨裁、支配型方式）管教。

內向、容易自尋煩惱、膽怯的孩子，則必須採取接近消極、被動型的方式，溫柔地引導孩子成長。

41 向孩子宣告「規則」

——父母規則動搖，所以孩子才會感到混亂

父母必須為孩子訂下「可以做的事」與「不能做的事」的界線，也就是規則。

以下四個準則將有助於建立有效的家庭規則：

① 建立明確且「絕不動搖的規則」

為了讓規則可以長期發揮效果，父母必須建立「絕不動搖的規則」。因為這些規則接下來會反覆不斷地使用。

所謂絕不動搖的規則，就像「不能碰火爐」。

每當剛學步的女兒接近火爐，我就會立刻用急迫的語氣提醒她這項規則。

根據規則內容不同，有時會讓人有所動搖。

女兒很喜歡爬上餐桌。她清楚家裡的規則，但是她會單腳跨上餐桌並回頭看著我，自己說著「不可以爬上餐桌」。

每次當場阻止的效果會更好，但我偶爾雖然想阻止，卻只是微笑看著在餐桌上跳著可愛踢踏舞的女兒。

與其同時實踐二十個規則，**不如挑出兩三個重要的規則，告訴自己絕對不能動搖。這麼做比較容易嚴守立場**。

如果父母的規則有所動搖，孩子會不曉得究竟是否該遵守而感到混亂。父母有很多機會可以練習，因為**孩子會不斷地測試規則**。透過多番測試，孩子會知道規則「為什麼」重要，瞭解自己的行為界線在哪裡，也會測試父母的反應，或是偶爾逗得父母開心。

② 說明訂立規則的「理由」

只要多加一句說明，就能大大增加孩子遵守規則的機率。

「把紗窗關起來。」

「把紗窗關起來。萬一小貓跑出去就糟糕了。」

後者的說法更能讓人接受。

假使孩子不遵守規則，只要讓他知道理由，孩子就能透過結果學會遵守規則。例如「不可以這樣。因為〇〇〇（父母給予的理由）」。

這種思考過程不斷反覆進行之下，孩子漸漸會將規則融入自己的價值觀中。對於其他事物也會開始從規則的角度去思考，最後，即使沒有人看到也會遵守規則。

不知道規則訂立的理由的孩子，只會得到一個結論：「我不可以那樣做，不然就完蛋了。」

這種時候，**孩子的行為不是出自於本身的「道德感」，而是來自於「外在處罰」的威脅**。

隨著孩子慢慢長大，道德感（決定善惡判斷時的個人信念）將會是他待人處世的重要能力。

立刻嘗試！

身為父母的你，對於自己訂下的規則是否會動搖呢？不妨退一步，從孩子的角度思考，自己的言行舉止帶給孩子什麼樣的訊息。

③協助孩子「遵守」規則

孩子經常會忘東忘西、分心、犯錯。藉由提醒孩子父母的期望或約定，可以給予孩子**面對「負面思考」、培養「自我控制能力」的機會**。

■「提醒」孩子

遇到孩子難以遵守規則的情況，例如「關電視」、「對朋友出手」、「買東西時耍賴」，父母可以事前提醒孩子。

例如：「如果等一下在店裡看到想要的玩具，你記得我們的規則嗎？如果沒有做到會怎麼樣呢？」

■「誇獎」孩子沒有做不對的行為

「你很厲害，很棒耶。」

「謝謝你一直好好坐在位置上。你很努力呢。」

■在孩子想打破規則時「再次提醒」

「我們的約定是什麼？」

「現在應該怎麼做才對？」

「你要把電視關掉嗎？還是媽媽來關？」

■當孩子打破規則時，果斷地做到「事先說好的約定」

「你知道規則吧。好，那我們就回家了。下一次再來的時候，希望你可以有不一樣的表現。」

④和孩子「一起」建立規則

有一種上司，喜歡指使他人的一舉一動，而且拒絕接納旁人的意見。這種人真的會令人退避三舍呢，卻又恨得牙癢癢地不禁想反抗。而且雙方儼然已經是「勝者與敗者」的關係。

請各位不要成為這種「上司」。不妨讓孩子一起參與「建立規則」。**建立規則的時機，不是在孩子破壞規則的時候，而是要在父母和孩子情緒都很穩定、冷靜的情況下。**

透過讓孩子參與建立規則的過程，孩子會覺得自己受到尊重和重視，獲得公平對待。孩子的好點子，或許還會讓你感到驚豔呢。就和孩子一起團結合作吧。

■訂定「討論時間」

假設孩子看電視的時間比父母希望的久，父母可以告知孩子「晚餐的時候，我們來討論一下關於看電視時間的規則吧」。

■彙整「問題點」

和孩子一起將每天必做的事列出清單，例如寫功課、晚餐、遊戲、看書、睡覺。接著根據清單做出結論，「扣掉這些時間，每天有半小時可以看電視」，並詢問孩子的意見。最後，「其他還有什麼每天想做的重要的事嗎？」

■針對可自由決定的部分詢問孩子的「意見」

「半小時的看電視時間，你想擺在什麼時候？晚餐前？還是吃完飯後？」

「如果媽咪請你關掉電視、你卻做不到時，該怎麼辦？有什麼辦法可以不需要媽咪每次再提醒你，你就能主動做到的嗎？」

■「宣告」決定好的規則

「我們就決定寫完功課可以看半小時的電視。如果時間到了還沒關電視，隔天就要減少看電視的時間。」

42 當孩子不聽規勸時？
——先讓孩子理解父母的感受

當孩子「瓶蓋鬆脫」時，提醒也沒有用

有一次，朋友將她兩歲的兒子託我照顧一晚。

結果當晚，小男孩不斷哭著「我要媽咪，我要爸比」……

我和先生為了轉移他的注意力，又是唸故事給他聽，又是唱歌，又是拿東西給他吃，又是抱他又是散步地，還不斷對他說理：「爸比和媽咪去聽演唱會了，明天就會回來了喔，因為跟你約好了。」結果都沒有用。

後來我才知道，**他根本聽不進去我的話**。

借用加州大學洛杉磯分校（University of California, Los Angeles）精神病學教授丹尼爾・席格（Dan Siegel）的說法，小男孩當時已經「瓶蓋鬆脫了」（失去理智了）。

針對激動情緒隔絕了理性的過程，席格博士透過「手」做了簡單易懂的解釋。

■①張開單手

用手來表現大腦的反應。

■②以大拇指按壓手掌

大拇指代表「大腦邊緣系統」，是大腦中負責情緒表現的古老區塊。當大腦邊緣系統與腦幹（手掌）相呼應時，大腦會釋放出心跳和血壓等相關的訊號。

■③以其他四隻手指將大拇指包起來

四隻手指代表「大腦皮質區」，主掌思考、推論、同理、自我理解、觀察與平衡。指尖代表「前額葉皮質」。大腦皮質區的作用就像是覆蓋大腦邊緣系統的「蓋子」，隨時隨地注意情緒的狀況。

■④四隻手指放開大拇指

代表前額葉皮質鬆開控制的狀態。當人變得情緒化，大腦邊緣系統強烈反覆作用而處於亢奮時，前額葉皮質的控制便會失去作用。這時候人會變得無法以道理和同理溝通，也就是處於「蓋子鬆脫」的狀態。

這便是為什麼對情緒激動的人說什麼都沒有用的原因。當天晚上那個兩歲的男孩，正是這種情況。

我和先生雖然都具備情緒指導的知識，卻因為太緊張而完全忘了該怎麼處理。可見我們同樣也是「蓋子鬆脫了」。

留意「快變得情緒化的自己」

瞭解大腦發生什麼事之後，接下來可以開始練習「留意」。

例如「我大腦的蓋子好像快鬆脫了。啊，蓋子鬆脫了，我得讓自己休息冷靜一下才行」。**一旦學會注意自己的情緒變化，即便是孩子鬧脾氣，也能輕鬆應對**。

育兒指導員瑟琳娜·納特金指出：

「父母很容易陷入『現在馬上』就要孩子學會的迷思。」

不過，**對於隨時處於蓋子鬆脫狀態的幼兒來說，什麼都學不到**。

因此，當孩子情緒激動時，以下兩個步驟是比較有建設性的應對方法。

①「認識」情緒

為激動的情緒命名（請參照下一節），表現同理心。

②「面對處理」發生的問題（請參照259頁）

立刻嘗試！

利用手對五歲的孩子說明大腦的運作。下回當他大腦的蓋子快鬆脫時（你的蓋子也是），說不定就會主動告訴你。

43 為情緒命名

——練習控制激動的情緒

把情緒「說出來」就能冷靜

根據腦造影（brain imaging）的研究顯示，藉由為激動情緒命名，可以使情況獲得冷靜。也就是所謂的**「命名以控制」**（Name it to Tame it）。這是加州大學洛杉磯分校的精神病學教授丹尼爾·席格提出的說法。

以上一節提到的朋友將兩歲兒子託我照顧的例子來說。

當孩子哭著「想回家」時，我和先生試遍了所有辦法想安撫他。但是，**安撫他人情緒真正應該做的，應該是直接觸碰情緒，並表現同理心**。

我們應該告訴他：「你很想找爸比和媽咪，對不對？你現在一定很難過。我知道你的感覺，一定很難過吧。」指著牆上朋友夫妻的照片給他看，**讓他想像爸媽等會兒就會來接自己**。

「爸比和媽咪馬上就會來接你、把你緊緊抱住。這樣你就會變得開心了。」

後來，小男孩第二次被交託在我家時，面對想念爸媽的他，我只是靜靜地將他緊抱在懷裡搖著，不時輕拍著他的背。小男孩沒有說出自己的情緒，於是我溫柔地幫他說出口。

結果**不到十分鐘，他的情緒就冷靜下來，在我懷裡睡著了**。

幫孩子為情緒命名，把感覺說出口，之後孩子也會學會用同樣的方法處理自己的情緒。

能夠為自己情緒命名的孩子，會懂得回頭審視情緒，把感覺說出口，並自己面對處理。而且對於他人的情緒也會有所留意，表現同理心。

研究顯示，這類型的孩子受挫力高，也比較不會與人爭吵。而且身體較健康，個性不孤僻，鮮少衝動行為發生，專注力高，課業成績也比較優秀。

不要「否定」情緒

教導孩子為情緒命名，父母應該做到以下兩件事：

■①留意自己與他人的情緒

平時就能練習為自己的情緒命名。例如「我現在很生氣」、「那時候我感到非常焦慮」等。祕訣是從情緒中稍微跳脫，從客觀的角度觀察情緒（例如，比起「我很難過」，更好的說法是「我發現自己很難過」）。

■②接納所有情緒

在上述兩歲小男孩的例子當中，一般人最容易產生的反應是「只要爸比媽咪來接你，就可以回家囉。不過現在我們先開心地玩吧」、「你已經長大了，不要再哭了」、「爸比媽咪不在這裡，所以你不要再哭了」等。

然而，**這些說法全都是在否定孩子的情緒**。

漠視情緒，或許是因為自己的成長環境造成。但是身為父母，一定要努力別讓孩子繼承這種作法。即使接納情緒、把情緒說出口很痛苦，但許多研究都已證實這種作法的重要性。

情緒的產生，**是大腦為發生的事標記「重要」的標籤**。情緒永遠都存在「那裡」，即使再怎麼努力想抹去，或否定或期望，它也不會消失不見。

「練習為情緒命名」的方法

- 和孩子一起閱讀面對自我情緒的相關故事。之後當孩子體驗到相同情緒時，再和孩子一起回顧討論故事內容。
- 蒐集各種情緒表現的照片或雜誌剪報。當孩子發生情緒時，將這些照片拿給孩子看，為孩子說明「你看，這個小朋友好難過喔，他正在哭呢。你也很難過嗎？」。
- 在情緒事件發生事後，利用玩偶為孩子說明當時的情況。
- 等到孩子大一點之後，和孩子一起製作「情緒溫度計」，上頭標示「冷靜／快樂／

焦慮／生氣」等刻度。向孩子說明當人激動時，情緒是如何容易地產生。每當孩子發生情緒時，就利用情緒溫度計問孩子「你現在的情緒刻度在哪裡？」，讓孩子練習自己檢視自我情緒。

- 透過「身體狀態檢查」檢視情緒。例如「你縮著身體、握著拳頭，表示現在應該很緊張吧」。

現在就開始練習！

之所以要趁孩子還小就開始練習，**是因為察覺自我情緒需要不斷練習的累積，才有辦法學會**。

和朋友吵架、第一次失戀、無法成為團隊的一員、面對大學的課業壓力和職場的緊張焦慮等。在隨著年紀愈大、愈容易面臨這些狀況之前，最好先讓孩子具備處理情緒的能力。

讓孩子「誠實」說出自己的情緒

孩子會因為大人覺得「無聊、愚蠢」，而不敢表現自己的情緒。不過，如果對孩子說「這有什麼好〇〇（例如生氣或難過）的」，有時反而會讓孩子情緒更激動。即便是大人，生氣的時候也不想聽到這種話，不是嗎？

認同孩子的激動情緒，可以讓孩子變得冷靜。這時候再為孩子說明「接下來該怎麼做」就行了。

「你現在很生氣吧，因為你不想穿襪子。你『不要穿襪子！』，對吧。可是外頭很冷，不穿襪子會著涼喔。要不要媽咪幫你穿？」

「你現在很焦躁，對吧。我知道，**得不到想要的東西，會讓人感到很焦躁**。這樣好了，我們帶草莓去，等一下吃點心的時候可以吃。」

如果孩子因為父母為情緒命名感到憤怒，**下回就只要描述發生的事情，並為孩子提供解決對策**。指出情緒就等到事後再進行。

例如：「你想穿綠色那件衣服對不對？可是那件已經髒了，怎麼辦呢？我們能不能想出三個解決的辦法呢？……你覺得很失望、很難過，對吧？」

44 用「教」取代責罵

——讓孩子不再做出違規行為的祕訣

就算被「提醒」，孩子還是不懂

女兒出生之前，我原本打算對她的管教要從兩三歲就開始。

可是事實是……

她出生還不到一歲，我就已經開始對她說「不行」了。而且還是笑著說。

第一次的慘痛經驗是餵母乳的時候。或許是想試試剛長出來的牙齒尖銳度，女兒咬住我的乳頭用力拉扯。

我假裝很痛，哭著跟她說「你這樣媽咪會很痛喔！」。但是她完全沒有同理心。

於是我咬了一口她的肩膀，她痛得哭出來，反倒是我對她感到抱歉。

後來下一回，我將她放在床上坐好，拒絕讓她吸奶，打算以「暫時停止供應」的方式讓她知道不可以這麼做。但是結果一樣無效。

最後，我開始認真地教她。

當時，我和女兒平時都會靠寶寶手語（請參照79頁）溝通，因此她看得懂「輕輕溫柔地」意思，也就是用指甲輕輕觸碰另一隻手的手勢。此外，我也跟她玩張口閉口的遊戲。

當下一次（不得不）餵奶之前，我先告訴她「要輕輕溫柔地喔，不可以用咬的。吸完之後就要把嘴巴放開，就像這樣」。只要她照著我說的去做，我就會大大地誇獎她，**「謝謝你！你真是個可愛的孩子，有照媽咪說的放開嘴巴。做得非常好喔。」**萬一她又用咬的，我就「暫時停止供應」母奶。這麼做之後，效果好多了。

透過「行為置換」讓孩子明白

如同以上例子，對於孩子的錯誤行為，光是「提醒」並不夠。必須**「置換成期望孩**

子做到的行為」。

女兒一歲八個月大時開始會打我，我總是會立刻抓住她的手，像遭背叛似地命令她「不可以打人！」。話才說完，她手又打了下來。

有用的責罵方法是告訴孩子**「不可以打人。可以打枕頭，可是不可以打人」**。但比起這種方法，我輕撫著女兒的手，告訴她「手是用來溫柔觸摸的喔」。

這麼一說，女兒果真照著我說的方法去做了。

後來，只要她輕撫我的手，我就會誇獎她「謝謝你！」，順便告訴她「媽咪最喜歡有人幫我按摩了！」。

「處罰」沒有用！

管教當然是為了教導孩子什麼事情可以做，什麼事情不能做。

過去大家都認為「處罰」最有用。只要父母大聲斥責或說教，或是打人、命令、威脅等，孩子應該就會照父母的話去做……只是暫時便是。

但是，**藉由處罰讓孩子聽話，等於是為孩子示範「勉強自己壓抑激動的情緒」、「無禮的對待」、「用力氣解決問題」等**。

大部分的父母希望教給孩子的，應該是相反才對。一般人希望孩子學會的，是「控制衝動的情緒」、「尊重他人」、「用不會傷害他人的方式解決問題」。

面對孩子的錯誤行為，「民主型」的父母會馬上以堅定而冷靜的態度，提醒孩子不對的行為會帶來什麼後果。**也會將問題發生當成是讓孩子學習解決問題的機會，而不是藉機處罰孩子**。

以這種方式管教孩子，孩子會以以下的方式成長：

- 學會「溝通能力」、「自我控制能力」、「解決問題能力」等成功人生不可欠缺的能力。
- 瞭解即便不能控制「情緒」，但是可以控制自己的「行為」。
- 會避免「爭權」。

不要做出「不相干的處罰」

管教方式有分成所謂的「處罰」（punishment）管教，以及「後果」（consequence）管教。各位清楚這之間的差別嗎？

我自己也花了不少時間才整理清楚。

所謂「處罰」，是透過權力羞辱對方，使對方感到痛苦。大多時候都跟孩子的錯誤行為沒有直接關聯（例：「你要是打妹妹，我就取消你的點心時間。」）。這種作法的根本想法是：「孩子只要在表現服從的時候才需要受到尊重。只有讓他害怕受罰，才有辦法導正他的行為。」

「後果」管教的重點，在於培養孩子的自我控制能力，以及理解規定，是一種尊重孩子的方法。

後果帶來的管教，通常和孩子錯誤的行為直接相關（例：「你如果用吃點心的湯匙打妹妹，我就取消你的點心時間。」）。其中最根本的信念，是相信「孩子可以透過反省和訓練獲得成長」。

以下例子①是「處罰」管教，例子②是「後果」管教。

①「不可以亂丟玩具。你看，變得這麼亂！回房間去自我反省，直到媽咪說好才能出來。」

②「玩具如果亂丟會壞掉喔。你如果亂丟，媽咪就要沒收那樣玩具，讓你十五分鐘不能玩。」

各項研究顯示，「處罰」作為管教方法的效果非常低。理由如下：

- 丟臉的人通常都不在乎個人責任。
- 丟臉容易使人憤怒。
- 與孩子的錯誤行為沒有直接相關的處罰，對於培養孩子的道德觀沒有多大的作用。

為什麼孩子不好好遵守規則？

各位要瞭解，當孩子到了某個時期，對於會打人或推人的人，絕對不能以沒收玩具作為處罰。

父母如果問孩子，孩子也知道那是「不對的事」。不過，在當下的氛圍之下卻仍出手打人，就代表「打人不對」的認知尚未滲透至身體裡。**認知要成為習慣，只能依賴「反覆練習」才有用**。

認知的收穫必須藉由不斷反覆練習，才有辦法從主掌邏輯思考的前額葉皮質，深入到控制身體反射動作的皮質區。

孩子有必要「反覆練習」。

這就是為什麼**說教效果有限**的原因（要說幾次才會懂……）。

與其說教，不如訓練孩子新的能力。

父母可以為孩子示範期望他做到的行為，或是給予提醒或催促。這就叫作「鷹架理論」（scaffolding），可以協助孩子自己解決問題。在某一所小學，要求學生在聆聽的時間畫耳朵的圖案，說話的時間則畫嘴巴的圖案。**「些許的同理心」和「較多的訓練」**，**對於孩子養成遵守規則的習慣，絕對有幫助**。

繪製「選擇輪」

當孩子生氣或表現出情緒時，父母最好可以幫助孩子理解**「雖然情緒不能選擇，但行為可以」**。

請各位上網搜尋「Wheel of Choice」（選擇輪）。應該可以找到一些圖片。各位可以像這些圖片一樣，將一個圓分成幾個等份，再分別畫上各種行為的插圖（請參考簡·尼爾森〔Jane Nelsen〕等人合著的《Positive Discipline in the Classroom》）。

圓裡頭畫的行為，例如「跟對方說『請不要再這樣做了』」、「數到十」、「把自己的情緒告訴對方」、「離開現場」、「在家庭會議上提出來討論」、「道歉」等。

之後，當孩子情緒激動時，就讓他從選擇輪中挑選想做的行為。

用「教導」取代「處罰」的方法

■當孩子動手打人時

蹲下來與孩子的視線平行，看著他的眼睛，以溫柔而堅定的語氣告訴他「打人是不對的行為，因為會傷害到他人」。**不需要冗長的說教**。

詢問孩子「你覺得被你打的朋友現在是什麼感覺？」。如果孩子不回答，父母可以詢問被打的對象，或是說明你看到的情況。

接下來，**教導孩子將「錯誤的行為」改正為「正確的行為」**。例如「打人是不對的行為，但是你可以〇〇」、「如果你打媽咪，媽咪一定會很生氣。有什麼別的方法可以表達自己生氣的感覺嗎？我們一起來想想看吧。」

最後，**提醒孩子規則**。例：「如果你再動手打人，我們就要離開回家了。」下一回若孩子再動手，立刻就把他帶走（即使孩子鬧脾氣，父母也要盡可能冷靜處理）。「我知道你很生氣。萬一受傷就不好了，所以我們趕快回家吧。」

利用孩子冷靜的時候約定好「只要動手打人就得回家」，並且讓孩子確實瞭解（請參照231頁）。找出孩子打人的原因，一起討論有什麼較好的其他方法可以表達自己的情緒。

CHAPTER 6
管教——與其斥責孩子，不如透過規定學會「能力」

■ 當孩子頂嘴時

先用不刁難的語氣堅定地告訴孩子自己的想法，再繼續往下說。

「媽咪不喜歡你這種說話方式。在我們家，大家都要好好說話，可以嗎？」

「媽咪不喜歡你這樣叫我。媽咪生氣無所謂，但是你叫人的時候不可以這麼沒禮貌。」

「如果你要故意這麼做，我們就不要玩這個遊戲了，因為我不喜歡這樣。我們去別的地方做其他事吧。」

「說話不可以這麼沒禮貌。媽咪也沒有這樣說話啊，不是嗎？」

（最後三例摘自 "What Should I Do If My Child Talks Back？" parents.com）

（摘自 "Help! My Preschooler is Hitting" growparenting.com）

■ 當手足之間打架時

有個男孩的媽媽，讓她吵架的兩個兒子面對面，各自兩手交叉握住對方的手，一邊蹲坐一邊大喊「你讓我不開心，我讓你不開心」。最後兩個兒子笑到抱在一起。這招真

257

厲害。

也可以運用255頁提到的「選擇輪」。

45

用想像「後果」取代處罰

——讓孩子正確學習到「嘗到苦頭」的後果

「當場」生氣，結果遭殃的是自己

「我現在就要把你帶走！我要帶你回家了，知道嗎！」

「我知道了。你接下來一個禮拜不准看電視！」

「不能去朋友的生日派對也沒關係！」

……啊呀啊呀！

對於孩子的錯誤行為**當場祭出處罰，最後自己也會跟著倒楣，不是嗎？**

一整個下午專心處理亂發脾氣的孩子，最後自己可能連看雜誌的時間都沒了。雖然不想真的依照威脅孩子的那樣去做，可是話都說出口，也不能收回了。

面對孩子的錯誤行為，父母不妨更深思熟慮地思考應對方式。

① 讓處罰「合乎邏輯」

父母可以做出與孩子錯誤行為直接相關的管教。

例如當孩子亂丟玩具時，不是取消隔天的遊戲作為處罰，而是**將玩具沒收十五分鐘，這才是合乎邏輯的管教**。

或者，如果孩子吃飯時離開座位，處罰的方式不是要孩子早點睡覺，而是拿走椅子，讓他站著吃飯，這樣才合乎邏輯。

比起毫無道理的結果，孩子比較容易從合乎邏輯的結果中獲得學習。

合乎邏輯的管教方式分為以下三種類型，各自都有可發揮效果的狀況。

■破壞的人負責「修復」

〈（不管是不是故意的）當孩子破壞物品或打翻東西時〉

讓孩子解決發生的問題。例如「把打翻的東西擦乾淨」、「幫朋友把弄壞的高塔重新蓋好」、「安慰難過的孩子」等。

■取消「特權」

〈當孩子忘記或漠視規則時〉

取消和錯誤行為直接相關的「特權」。例如孩子如果只收拾了部分玩具，父母可以「收起地上所有玩具，禁玩一天」。如果孩子亂畫書本，就「將蠟筆沒收」等。

■暫時讓孩子「冷靜」

〈當孩子胡鬧、需要恢復自我控制力時〉

請參照273頁的具體方法。

②讓孩子知道「自然的後果」

所謂「自然的後果」，是指**孩子要為自己做的事承受**（父母還不至於需要出手）**後果**。

舉例來說，「都已經說了外頭下雨，『請把腳踏車停到屋簷下』，否則腳踏車會淋濕」、「如果打人，對方就不會跟你玩了」、「如果在餐廳吵鬧，會引來旁人側目，讓家人感到丟臉」等。

「自然的後果」**最好與父母的教訓無關，才能發揮效果**。千萬不要對孩子說教「我早就跟你說了吧」，或是一時心軟而幫忙，例如幫忙送孩子忘記的便當。

只不過，**父母可以展現同理心，給予支持**（例：「你一定可以自己想出辦法的！」「肚子餓很難受吧」）。

另外，以下情況最好別使用「自然的後果」：

- 孩子不在意結果的情況（例：不喜歡戴手套，但也不介意手太冷）
- 許久之後才會看到結果的情況（例：不刷牙就會蛀牙）
- 攸關孩子「人身安全」的情況

立刻嘗試！

對於輕微的錯誤行為，只要在尚未變嚴重之前迅速處理，或許就能導正孩子的行為。

例如：

- 對於小惡作劇的行為不予理會。不回應，當作沒看見。
- 眼神凝重地直盯著孩子。
- 以動作示意（例：「噓！」）。
- 以威嚴的語氣直呼孩子的名字。
- 靠近孩子，提醒他該注意的事。
- 提醒規則。例：「你現在應該做什麼？」「使用畫具的約定是什麼？」

46

一開始就不要讓孩子做「不可以的事」

——並非壞孩子做壞事，只是父母準備不足罷了

讓孩子「有選擇」

■營造「孩子不會失敗的環境」

疲倦的時候、肚子餓的時候、不開心的時候，孩子就會變得沒有禮貌。

因此，父母最好確保孩子有足夠的「睡眠」和「運動」。

外出時可以帶著點心。午睡前不要出門採買。如果打算慢慢逛街（父母偶爾也需要排解壓力），最好另外再加個行程，讓孩子可以有空間跑跳活動、稍作休息。

為了讓孩子可以收拾好就立刻回家，需要一點技巧順勢切換孩子的心情（例：教孩子跟玩具說再見）。

給予孩子「笑容」、「擁抱」和「選擇」

即便是大人，也不喜歡凡事被指使。同樣的，孩子也希望可以掌控自己的行為。不過同時，孩子也希望可以得到父母的關注。

父母只要以正面的方式給予孩子「關注和掌控權」，孩子就不會再試圖以錯誤的方式尋求獲得。

每天「找一個時間專心陪伴孩子」吧。用眼神、笑容和擁抱營造一個「專注時光」，發現孩子的良好行為並給予讚美。

另外，**不妨將「日常的小抉擇」交由孩子來決定**。

例如要穿哪一件衣服、用哪一個杯子、唸哪一本故事書等。如果沒有什麼特別需要選擇的，就自己創造吧。例如「你想自己穿鞋子嗎？要不要媽咪幫你呢？」。

向孩子說明「接下來的安排」

跟孩子說明接下來要做什麼，效果非常有用。

「我們現在要上廁所了喔，然後再玩積木。廁所，積木。」

「這是睡覺前最後一本了，唸完之後，說過晚安，媽咪就要出去了。……好了，唸完了。那麼媽咪要出去、把房門關上了喔。晚安，乖寶貝。」

■用「可以」取代「不行」來回應孩子

例：「好啊，玩○○應該會很開心吧」、「對啊，好想○○喔」、「好啊，○○完之後我們就來○○」、「當然好啊，就明天吧。」

■事先想好「對策」

遇到孩子做出錯誤的行為，父母有時也無法馬上做出適當的反應。不過，事後冷靜下來之後，**不妨找個時間演練一下，以便再發生時可以適當應對**。一次沒成功也不要緊，實踐的機會還有很多。

■父母也需要「稍待片刻」

一旦發現自己情緒過於激動時，馬上跳脫狀況，讓自己深呼吸。等到情緒冷靜之後再繼續處理。

理解「自己無法控制他人的行為」

知道「自己無法控制他人的行為」，可以減輕自己的焦躁感。

由於新生兒是如此單純可愛，因此一旦孩子學會走路、開始會說「不要！」的時候，父母都會感到不知所措。

但是，**沒有人可以讓孩子百依百順**。並非父母說什麼，孩子就完全照著做。所以，即使沒有辦法讓孩子乖乖戴上帽子或上廁所，或是讓他再多吃一點，都千萬別太緊張、過於神經質。

父母可以做的，**只有「告訴孩子你希望他怎麼做」，並「說明如果沒做到會有什麼結果」**。

「你這麼做，住在樓下的人會覺得很吵。所以不要再用玩具敲地板了，不然我就要把玩具沒收了。」

「我數到三，請你從桌子上下來。不然媽咪就要抱你下來了。」

「這是上廁所的最後一次機會了。再不上的話，我就要幫你包上尿布了。」

■以「長遠的觀點」來看

孩子如果一次就學會該有多好！但是，**父母教育孩子的時間，少說也有二十年**。即便過了二十歲，孩子的大腦仍然持續在發展。

就算孩子屢次拒絕打掃房間，也可以跟孩子說「今天我們都累了。明天我們再討論，一起想辦法維持房間的整潔吧」，不急著當場就要孩子達到要求。

如何讓孩子吃飯吃快一點？

女兒突然很討厭坐在自己的椅子上吃飯，只想坐在我們的腿上邊吃邊玩。我和先生變得得單手拿著滿是食物的叉子，追著女兒的嘴巴跑。

為此，我想到了一個作戰方式。**在把女兒放在餐椅上之前，我和先生先坐下來吃飯**。當她靠近想坐到我們腿上時，我就跟她說：

「吃飯的時候，媽咪會坐在自己的椅子上，爸比坐在爸比的椅上子。你也要坐在自己的椅子喔。」

如果女兒不願意，我也只是重複這麼說，然後繼續吃我的飯。不一會兒，她就自己爬上椅子了。

就這樣持續一兩週之後，她已經能坐在自己的椅子上吃飯了。更令人驚喜的是，幾週後的某一天，她從廚房端著自己的盤子放到餐桌上之後，竟然自己拉開椅子爬上去，繫好安全帶，告訴我們「吃飯時間到囉！」——而且還是在我們坐下來之前。

47

透過每天的例行行程發展孩子的「主動力」

——在固定的時間做固定的事

例行行程可以培養孩子「獨立」和「自我控制」

我先生每天早上會同一時間起床，推著運動嬰兒車在同樣的路段慢跑。早餐為女兒準備麥片，午餐則是火腿三明治。

我自己的睡覺時間可能是晚上十點，或是下午兩點。為了完成工作，有時午餐會省略不吃。

不過，寶寶需要固定時間的照料，因此我會努力**在固定時間讓女兒吃飯和午睡**。保姆每週會在固定時間來家裡照顧女兒；女兒晚上也會在差不多的時間入睡。

研究也顯示，這種作法才是正確的方法。因為**例行行程可以幫助孩子達到以下成長**：

- 擬定未來計畫，做出預測，可以促進發展大腦的「執行功能」。
- 透過不斷練習學會完成任務，可以激發孩子的「獨立」。
- 可鍛鍊「自我控制能力」。

對年幼的孩子來說，例行行程指的是反覆在固定時間吃飯、午睡、就寢。三歲之後，父母也可以協助孩子自行建立每天的例行行程。**一開始建議可以先製作一份任務清單**。

製作任務清單

一起和孩子來製作上學之前該做的「早晨任務清單」吧。用文字或圖畫表示都可以。任務最多七項。三歲的孩子只要兩三項（「上廁所」、「吃早餐」、「換衣服」等），五歲可以多一些，例如「換衣服」、「整理床鋪」、「吃早餐」、「刷牙」、「穿鞋」、「穿外套」、「整理書包」等。

也可以問孩子「外出散步需要哪些東西？」，讓孩子回答物品名稱。

有了這份清單之後，**一旦孩子在早上進行例行行程的過程中開始做其他事情，這時候父母就只要督促孩子「快看看清單還要做什麼！」就行了**。

比起吼孩子「刷牙了沒？十分鐘前不是就叫你去刷了嗎？快去！鞋子呢？」，現在只要問孩子**「現在應該做什麼呢？快去看看清單」**就行了。

經過兩三個星期的練習，孩子就能學會自己檢查清單。這麼一來，父母就可以好好悠閒地度過早晨時光了。

48 冷靜教導孩子「自我約束的方法」

——父母抓狂毫無教育效果

真正有效的罵人方法是有訣竅的

孩子做錯事的時候，大部分父母的反應都是威脅說教再威脅，最後氣沖沖地把孩子趕回房間。相同情況不斷反覆發生好幾回。如果孩子在被隔離的地方玩了起來，父母又生氣大罵要孩子安靜；孩子若是哭了，父母又開始擔心，給孩子說「對不起」的機會，最後以說教畫下句點。

換言之，**父母都太過於「關注」孩子了**。

真正有效的方法，是**對於孩子的錯誤行為暫時「停止關注」**。

父母可以先這麼說：

「媽咪想稍微冷靜一下。你先去房間看書吧。」

「我們都先冷靜一下吧。媽咪需要深呼吸。」

「這件事等我們都冷靜下來再說吧。」

冷靜是停止衝動破壞性行為的正確方法。**目的是暫時停止孩子和父母的行為，重新找回自制力**。

「憤怒失控前」該做的事

■找出讓孩子「冷靜」的方法

冷靜時，孩子應該做什麼？在情緒高漲的時候，絕對無法做到「自我反省」。因此比起要孩子反省，**應該做些平時會讓孩子冷靜下來的事情**。

■親子一起思考「對策」

例如「深呼吸」（從兩歲半至三歲半開始）。「打枕頭出氣」、「原地彈跳」、「玩黏土」、「擁抱」、「看書」、「聽平靜的音樂」、「畫畫」、「轉圈」、「腹筋運動」、「深蹲運動」、「看窗外風景」等。父母和孩子一起來思考排解情緒的有效方法吧。

■製作「選擇輪」

將一個圓分成數等份，在每一等份貼上插圖或照片。育兒指導員瑟琳娜・納特金建議，父母可以透過演戲，讓孩子瞭解其中意義。例如假裝生氣，讓孩子從選擇輪中挑選這時候應該做的事，孩子通常會很樂意幫忙（請參照255頁）。

■決定冷靜的「場所」

可以是房間角落，或是孩子的房間。安排一個舒適的空間，讓孩子除了冷靜之外也會想待在那裡。

「冷靜」的訣竅

■①對話簡短且平靜

不要威脅或指責孩子的不是，只要淡淡地告訴孩子「我知道了。我們冷靜一下吧」。

不需要將孩子趕回房間**（重點在於讓孩子察覺自己的錯誤行為，而不是懲罰孩子）**。

可以對孩子說「要不要先坐在媽咪身邊冷靜下來？」「你想去冷靜區嗎？還是媽咪去？」。

當孩子無法決定想做什麼的時候，父母可以告訴孩子「媽咪要先去冷靜區了。媽咪很愛你，可是我現在氣到沒有辦法說愛你」。

根據狀況，有些時候不妨什麼話都別說。

如果已經事先告訴孩子「你再這樣抱怨個不停，媽咪就當作什麼都沒聽到了」，就完全漠視孩子的抱怨。

已經跟孩子說過「只要在後座吵架，我就把車停下來」，就沉默地將車子停下。

一旦孩子收起錯誤行為，就可以立刻（等待三十秒，確認真的已經停止錯誤行為）恢復對話。

■②父母先學會「冷靜」的技巧

父母學會「冷靜」有三個好處：1可以成為孩子的示範；2父母自己可以冷靜；3不再將焦點放在孩子的錯誤行為上。

冷靜的技巧有「深呼吸」、「拿起書本或電話坐下（即使已經氣到無法專心）」、「使用選擇輪」等。

根據狀況，可以一人單獨進行，或是親子一起進行。有些父母也會主動詢問孩子「要不要抱一下？」。

③事後「複習」

當雙方都冷靜下來之後，或是利用吃飯的時候，親子一起針對錯誤行為和父母希望的行為進行討論。不要用責備的語氣說話，可以問孩子「你那時候怎麼了？」「下一次可以有什麼不一樣的作法嗎？」「要怎麼做才對？」。

為什麼要求孩子「到自己的房間反省」沒有用？

由於孩子正處於情緒激動當下，蓋子已鬆脫（請參照238頁）而變得胡鬧。因此這時候必須找回他的自制力。就算把孩子關進房間作為處罰，也無法教會孩子如何讓自己冷靜下來。

被關進房間反省的孩子，**與其學會約束自己的方法，其實只是怒氣沖沖地呆坐在房裡罷了**。

許多研究顯示，這種方法雖然會讓孩子漸漸變得服從，但「因為畏懼懲罰而服從」並不是「民主型」父母期望的目標。

「冷靜」可以練習面對處理激動的情緒。也就是學習「行為的替代方法」，例如知道「生氣時就睡覺」是好事而非壞事。

49 以詢問孩子「還有沒有什麼其他辦法」取代「不行！」

——該留意的不是「孩子」，而是「作法」

傷害孩子自尊心的說法

擅長誇獎孩子的父母不會針對「才能」，而是誇獎孩子的「努力」。

批評時也是一樣。

在一個以幼兒園孩童為對象的實驗中，設定了一段「老師要求孩子用樂高組裝房子，但孩子忘了加上窗戶」的劇情，讓孩子用玩偶進行角色扮演（孩子很容易將自己投射在劇情中，因此研究人員經常利用這種方式來進行實驗）。

老師透過玩偶對孩子說「這棟房子沒有窗戶喔」，接著以下列三種方式來加以批評：

■批評「個人」

「我對你很失望。」

■批評「結果」

「這樣組裝不對喔，積木歪七扭八的，都沒有對齊。」

■批評「過程」

「如果你可以換另一種方式組裝就好了。」

批評個人會傷害到「自尊心」、「心情」和「耐心」

實驗結束後，由哥倫比亞大學的梅莉莎・凱敏斯（Melissa Kamins）與卡蘿・杜維克所率領的研究團隊，針對幼兒園孩童的自尊心進行評估。

「個人」受到批評的孩子，自尊心變弱，心情低落，耐性變差，而且容易將這個批評反映到自己的所有人格上。

「過程」受到批評的孩子，在三組當中最能以正面態度看待批評的人。**「結果」受**

到批評的孩子則位於中間。

對於「結果呢？」的詢問，「個人」受到批評的孩子的回答是「哭著上床」、「被老師罵完之後回家」、「被趕到房間反省」等，盡是令人心痛的反應。

另一方面，「過程」受到批評的孩子則回答「只要有時間，下一次會做得更好」、「全部拆掉，加上窗戶重新組裝」、「跟老師說還沒有完成，然後將紙裁成四方形，貼在房子上」等。

立刻嘗試！

批評過程的說話方式。

- 「現在變得怎樣了？」
- 「下次如果用不一樣的作法，你覺得應該怎麼做？」
- 「你有想到更好的作法嗎？」

CHAPTER 7

活動

活動可以使「大腦」變得更「健康」

人類的大腦和身體都非常喜愛活動。
假使產前不方便運動，至少產後可以開始動起來。
因為凡事都可以一心多用。
將寶寶「抱高高」，也可以達到運動的目的。
即便只是外出，只要不開車，改騎單車或直接走到目的地，
也是一種運動。

50

抱著寶寶「搖來搖去」，促進大腦發展

——適當地刺激平衡感

「平衡感」是變聰明的一大重點

年幼的孩子喜歡動個不停，因此有段時期會想嘗試任何事物。例如跳上跳下、搖來搖去、胡鬧脾氣。有時候甚至還會用頭去撞牆。

根據神經學家麗絲·艾略特（Lise Eliot）表示，**良好的情緒能力與認知能力，是建立在平衡感和運動能力的基礎上**。

人體調節平衡與動作的器官是大腦的半規管。研究證實，具有情緒障礙或注意力缺乏症、學習障礙、語言障礙、自閉症的孩子，全是半規管異常所導致。

安撫寶寶的時候要「動來動去」

研究人員針對出生二至四日的新生兒，讓他們的父母以「懷抱」或「大動作搖晃或抱著走來走去、輕輕搖動」的方式進行安撫。結果發現，後者的效果比較好。

研究數據報告

讓寶寶慢慢「旋轉」的效果

父母坐在旋轉椅上，將寶寶放在大腿上。

研究人員旋轉椅子後急停，靜待三十秒後再次旋轉椅子。

這時候由於半規管受到旋轉的影響，寶寶的姿勢會呈現①頭往前傾倒三十度；②向右橫倒；③向左橫倒等三個姿勢。

每個姿勢做十回、每週兩次，持續一個月之後，寶寶的身體柔軟度會變得更好，無論是坐立、爬行、站立、走路等，都會變得很厲害。

立刻嘗試！

將寶寶「抱高高」。父母躺下，兩腳往胸前屈膝，將寶寶的肚子緊貼在自己的小腿上，和寶寶呈面對面的姿勢。抓住寶寶的雙手。

哼唱「Row, row, row your boat, Gently down the stream」，同時將兩腳上下擺動，使寶寶上下晃動。

唱到「Merrily, merrily, merrily, merrily」時，抓住寶寶的手，像划水一樣擺動。

唱到「Life is but a dream」時，兩手緊抓寶寶的肩膀，雙腳向上抬高，讓寶寶呈頭下腳上的姿勢。接著放下雙腳，讓寶寶的背回到地面，結束活動。

51 每小時「活動」十五分鐘
——無論大人小孩都不要「坐著不動」

「運動」對大腦的影響力

運動可以為大腦和身心帶來非常大的效果。

藉由運動，可以強化「問題解決能力」、「抽象思考能力」、「長期記憶」、「邏輯思考能力」、「專注力」等。

不僅如此，也會減少「不安」、「壓力」和「心情低落」的發生。

為什麼會這樣呢？

因為活動身體會引發以下身體反應：

- 大腦獲得更多氧氣。

- 促進神經細胞的生成與修護
- 腦衍生神經滋養因子（brain-derived neurotrophic factor，BDNF）等化學物質增加，可擊退惡性壓力荷爾蒙。
- 促使大腦分泌阻止情緒障礙發生的化學傳導物質（正腎上腺素、血清素、多巴胺）。

「坐著不動」對大腦和身體都不健康

「坐著不動」並非只是指一整天坐在沙發上邊吃洋芋片邊看電視。一整天大半時間都坐在辦公室的人，**即使有運動的習慣，也會導致心臟病發生率提高**。

哈佛大學演化生物學家丹尼爾・李伯曼（Daniel Lieberman）推定，以狩獵採集為生的人類祖先，每天步行的距離約為8.5至14.5公里。即便到了現代，人類的大腦依舊需要相同的運動量。

除了每天至少三十分鐘氣喘程度的運動之外，**同樣很重要的一點是，要盡量活動身**

體，別一整天只坐著不動。

對於整天在家照顧孩子的全職主婦（或主夫）而言，或許難得有稍坐片刻休息的時間。若非如此，不妨可以認真思考減少「搭車」、「坐在桌子前」、「坐在電視機前」的時間。

幼兒也和大人一樣。剛學步的孩子需要搖搖擺擺走個不停。再大一點之後，**每天至少要進行一個小時的有氧運動，包括跑步、跳繩、打籃球、游泳、踢足球等**。

各位不妨每小時至少活動身體十五分鐘。

研究數據報告

「坐著不動」與「疾病」的關係

研究人員透過長年的老化研究數據，針對六萬三千名四十五至六十五歲的人進行調查發現，每天坐著超過四小時以上的人，罹患「心臟病」、「癌症」、「糖尿病」、「高血壓」的機率，比起未滿四小時的人「高出非常多」。

立刻嘗試！

在女兒的小兒科醫師所給的育兒建議當中，最有用的是「白天給孩子足夠的運動」。

我發現沒有外出的日子，女兒的心情會變得非常不好，午睡也睡得不安穩，連帶影響到晚上的睡眠。因此在我們家，**排解心情不好的最好方法，就是「外出散步」**。

維持「運動」的方法

■尋找提供托育服務的「健身房」或「瑜珈教室」

父母可以搜尋在寶寶午睡時間開辦課程的運動教室。在家工作的媽媽，可以先將課程標記在日曆上，當自己可以脫身時立刻飛奔參加。

■參加「親子運動」

例如瑜伽、游泳、韻律體操等。

■尋找「運動夥伴」

最好的運動夥伴，是孩子的午睡時間差不多，且可以隨時外出的人。因為寶寶還小時，光是外出就很麻煩。或者是找趁著一早孩子還沒起床前的時間，或是先生陪孩子吃早餐的時間可以見面的人也行。

■做「自己喜歡的運動」

不需要給自己「非運動不可」的壓力。只要用輕鬆的心情做些健身或跳舞等自己喜歡的事，稍微讓自己流點汗就行了。

立刻嘗試！

如果要各位「進行三十分鐘的激烈運動」，各位會做什麼呢？不妨針對這個問題具體計畫一下，包括日期時間和地點。

「活動身體」的方法

■不使用「車子」

如果是搭車十分鐘內能到的餐廳，乾脆就散步四十分鐘走過去吧。**不僅可以邊走邊聊天，還能欣賞周遭景色，讓心情變得更愉快**。

找找看在住家附近適合運動的距離內，是否有超市或便利商店。即便是距離八公里的店家，騎單車也只需要約三十分鐘。**這樣就能達到「運動三十分鐘」的目標了**。

比起「快慢」，以「活動身體」為首要考量，想法就會跟著改變。或者也可以採漸進式的方式慢慢增加運動量，例如一半的距離靠走路或騎單車，然後再改搭公車或電車。

■列出「辦不到的理由」

各位是否覺得「自己辦不到」呢？

有這種想法的人，不妨在紙上列出自己做不到的理由。

接著在每個理由的旁邊，**寫下排除阻礙的方法**。

舉例來說，如果覺得沒有辦法騎單車的理由是「會迷路」，解決方法可以是「先在

Google map上查好路線，事先在腦中演練一次」等。

如果「不喜歡在天氣不好的時候外出散步」，可以「備妥雨衣等完整裝備，實際外出體驗看看」。說不定情況並非想像中糟糕。

只要針對「辦不到的理由」深入思考，一定可以找到「辦得到的方法」。

拒絕坐在桌子前

只要桌子前有張椅子，一天坐著八小時也不是不可能的事。幸好，現在可以站著工作的站立式辦公桌已經很普遍了。

選擇「不輕鬆」

不要搭電梯，改走樓梯吧。就算辦公室在二十樓也是。

捨棄嬰兒車，改用背巾或背負式的背包。

就算距離不遠，也可以用跑步取代走路。

把車子停在盡量離入口遠一點的地方。

人會出於本能地選擇輕鬆的作法，因此記得要隨時自我提醒。

■把做家事當成伸展運動

各位如果是家庭主婦（或主夫），可能一整天都是站著！這時候可以趁著下廚或打掃的時候順便做伸展運動。

撿地上的玩具或是抱起寶寶、擦拭打翻的東西時，可以做深蹲運動。也可以趁著幫寶寶換尿布或換衣服的時候做肌力訓練。另外也別忘了找時間散步。

雖然除了這些以外，每天還是需要三十分鐘的完整運動，不過根據我的經驗，在家工作的父母絕對不可能整天坐著不動。

立刻嘗試！

為了避免長時間坐著不動，現在就立刻具體列出自己辦得到的運動，並實際執行。

CHAPTER 8

放慢腳步

按下時間的暫停鍵，充分品味人生

孩子是緩慢的動物，

會接受身邊所有的萬事萬物。

陪伴孩子的時候，不妨停下手邊工作，關掉所有數位機器，

即使花上比預期更久的時間，也要陪孩子一起完成每天的瑣事。

這會使得孩子變得更快樂。

從今天起，接受孩子的步調，享受陪伴的樂趣吧。

52 邊走邊「冥想」
——審視「當下」，提升大腦發展

冥想是鍛鍊大腦的「重量訓練」

找時間讓自己專注在「此刻當下」。

有冥想習慣的人，通常具有以下幾個特徵：

- 大腦中負責「記憶」和「學習」相關區域的灰質（gray matter）較多，壓力相關區域的灰質較少。
- 大腦皮質的皺褶較多，使得神經細胞跟著變多。研究發現，大腦皮質皺褶的數量，會隨著冥想的時間愈久而增加。而且研究也證實，**即便過了二十五歲，大腦發展也不會退化**。

- 具備高度「同理」。聽到他人痛苦的聲音，與同理相關的大腦部位就會產生強烈反應。
- 可長時間保持「專注」。

《紐約時報》將冥想稱為「大腦的重量訓練」。這是因為冥想的「靜止狀態」對大腦而言，是一種強迫挑戰的訓練。

冥想的目的是保持意識回歸「此刻當下」，將注意力放在呼吸上，任由各種念頭浮現腦海。而非閉上眼睛、放空心靈而已。由於意識非常容易飄移，要長時間專注在當下，必須非常努力才辦得到。

具備專注力的人，工作記憶（短時間記憶並同時活用的能力）尤其發達。在某個研究當中，當大學生進行兩週的冥想之後，不僅工作記憶能力提升，心不在焉的情況也會相對減少。

讓孩子「邊走邊冥想」

孩子不擅長長時間坐著不動。**靜靜走路五分鐘對孩子來說，就是一種「冥想」**。在蒙特梭利教育的學校當中，會要求孩子拿著響鈴，邊走邊注意不能發出鈴聲。

當孩子十歲以後，可以教孩子在安靜的空間靜坐，將注意力放在自己的呼吸上。一隻手放在肚臍上，感覺自己的深呼吸。每一次呼吸搭配口中唸著「love」、「I am」等簡單字句，可以讓心靈更快獲得平靜。

美國底特律市的特許學校納塔基塔利巴學校（Nataki Talibah Schoolhouse），要求校內五至八年級的學生必須每天兩次，每次各十分鐘閉目唸誦祈禱文。

研究發現，比起市內其他沒有冥想活動的他校學生，這所學校的學生**幸福感和自我評價較高，也擅長面對壓力，社交能力也很強**。這項結論相當值得關注。

打從心底感受「當下這一刻」

找時間讓自己的意識完全專注在體驗當下這一刻。

這就是一種冥想的練習。

吃飯的時候細嚼慢嚥，感受口中的觸感和味道，聆聽牙齒咀嚼的聲音，感受舌頭的動作，以及吞嚥時喉嚨的觸感。

開會時，感受坐在椅子上的自己，背部和雙腳肌肉的活動。

健走時，停下步伐，靜默傾聽遠處鳥鳴或小溪流水、微風輕撫樹梢等樹林間細微的聲音。

在這裡介紹各位一個冥想的練習。可以和大人一起做，也可以和大一點的孩子一起進行。

兩人靠近坐下，其中一人問對方「你現在感覺到什麼？」。

對方可以直接說出腦中浮現的答案，或是「感覺」也好，「情緒」或「想法」也行。例如「外頭的鳥叫聲」、「覺得內心變得激動」、「想躲起來」等。

然後，發問的人回答「謝謝」。感謝對方將專注力放在當下的瞬間，並且與自己分享。

接著做一兩次深呼吸，再問同樣的問題。

持續五分鐘之後，兩人角色交換。

以上是我在一次瑜伽營中，來自西雅圖的老師布蘭頓・莫頓（Brenton Morton）教我們的方法。隨著問答不斷進行，答案會愈來愈有深度。**袒露自己的不安情緒，可以強化與他人之間的關係**。

不僅如此，這也可以是一種**將情緒化作語言的練習**。

立刻嘗試！

在某個孩童跆拳道教室，教練要求學員對自己提出以下「三大問題」：

①我在哪裡？
②我在做什麼？
③我應該做什麼？

第一個問題，是要學員將意識放在「當下這一刻」上。

第二個問題，是要學員專注在具體的明確目標上。

第三個問題，可以確認現在做的事對於達到目標是否有幫助。這些問題對於孩子的所有活動都很有幫助，因此我將這「三大問題」筆記在記事本上，方便隨時提醒自己。也能活用在大人身上。

53

與他人比較毫無意義

——大腦根據「遺傳和經驗」有各自不同的發展

聽到「我家的孩子已經會〇〇了！」時的正確反應

我有一位男性友人，他想出了當聽到身邊的人報告自己孩子的成長成績時（例：「會爬了」、「會坐了」、「會走路了」、「會說話了」、「會爬樹了」等），該有的正確反應。

那就是回答對方「已經會了嗎？！」。

聽到這種回答，對方一定很開心。因為任何人都希望自己的孩子贏過他人多一點。

然而事實上，拿孩子做比較是一件毫無意義的事。

世上沒有相同的大腦

每一個孩子的大腦，發展過程都不盡相同，時期和順序也不一樣。有時甚至會出現跳躍或反彈、反覆的情況。就連發展過程本身都具有爭議。因為大腦是個充滿謎團的器官。

不僅如此，大腦由於是透過「遺傳和經驗」形成，因此這世上完全沒有相同的大腦。即便是同卵雙生的雙胞胎，大腦也不一樣。

瞭解孩子「符合年齡的行為」

雖說如此，只要事先掌握孩子每個發展時期的大致標準，就不需要有不切實際的期待。

三個月大的寶寶都會有夜啼的情況；一歲半的孩子開始會出現打媽媽的行為；四歲的孩子比起以前更討厭分享。

這些都可以稱為「普遍現象」。

如果要拿自己的孩子和朋友的孩子或網路上的發言比較，必須留意別「太擔心」或「太開心」。

如果媽媽朋友若無其事地提到自己孩子的發展狀況，就以「已經會了嗎？！」作為回應，讓對方開心吧。

54

在孩子年幼時（盡量）減少工作量
——收入減少卻能快樂生活的祕訣

選擇全職工作、兼職或全職家庭主婦？

婚姻狀態正常，且年收入五萬美元以上的家庭的太太，有「75％」認為自己最理想的狀態是「兼職或全職家庭主婦」。

■現在擁有全職工作的媽媽
可以的話想做兼職工作44％
可以的話想成為全職家庭主婦9％

■現在沒有工作的媽媽

可以的話想做兼職工作40％
喜歡目前全職家庭主婦的狀態36％

（摘自二〇一三年三月　美國皮尤研究中心〔Pew Research Center〕）

心思全放在孩子身上是一種「精神上」的折磨

以下是針對學齡前幼兒的母親當中，擁有兼職工作的人所做的調查。

- 比起全職家庭主婦更不容易罹患「憂鬱症」。
- 比起全職家庭主婦，整體來說「更健康」。
- 比較不會出現容易對心理健康造成影響的「社交孤立」（social isolation）現象。
- 學習「新能力」的能力比較好（這一點也攸關著心理健康）。
- 比起擁有全職工作的女性，較少會有「工作和家庭何者重要」的掙扎。
- 比起擁有全職工作的女性或全職家庭主婦，「育兒敏銳度」更高。

對於這些結論，我的感想是「原來如此」。

連續照顧孩子數小時是一件令人精神疲乏的工作。

舉例來說，光是從大腦活動來說，就必須隨時繃緊神經，**保持專注不能分心地不斷察覺孩子的需求，並以同理心和自制力來應對**。

然而，**多數媽媽卻對於把孩子託付他人照顧、好讓自己稍作休息感到罪惡感**。即使不至於發生憂鬱症，很多人也會因此感覺被逼到毫無退路，或是感到壓力。

比起整天面對孩子，我覺得我自己必須擁有兼職工作，才有辦法當一個「好媽媽」。工作可以讓我暫時「充電」，如此才有辦法好好面對孩子。

工作可以帶來知性的刺激，讓人獲得充實。知道自己的能力和工作上的人脈也能活用在育兒上，會讓人感到放心。

同時，**我也很珍惜和女兒之間的「緩慢時光」**。

等待蟲兒休息片刻後再將牠捉起，隨即釋放到空中；在散步途中，觀察水渠中的流水；不急著搭車到目的地，騎著單車，徜徉在西雅圖沿著優美海岸的道路上。這般生活，我想就是幸福人生了。

所有媽媽的幸福指數都「一樣」

當然，並非全職工作的媽媽和全職家庭主婦就會「一輩子不幸福」。研究數據顯示，**當孩子過了學齡前階段後，媽媽的心態會有所轉變**。在皮尤研究中心的調查當中，孩子過了學齡前階段之後，全職工作的媽媽和全職家庭主婦合計共有36%的人認為「自己很幸福」。

也就是說，比起工作型態，已婚才是影響幸福指數最主要的預測因素。

生產前快樂地「節約開銷」

收入減少依舊能撐下去的家庭，不只是「幸運」而已，還有努力和忍耐。如果打算放棄雙薪結構，生產前最好先做好儲蓄的準備。除了備妥緊急所需的最低金額，保姆費也要事先存好，最好連房貸都盡早償還。**雖然「節約生活」成了基本，但試過才知道，其實可以過得很快樂**。

從頭自己做菜不僅營養美味，也可以和學步的孩子共度快樂時光。只要買二手貨，就算孩子的衣服髒了，或是玩具零件搞丟了，或是尿褲子，也不會感覺太沮喪。洗過布尿布之後才知道，其實沒有太困難。晚上不外出，取而代之在家裡舉辦遊戲派對，還能加深和朋友之間的情誼。減少開車，與鄰居之間的交情會變得更濃厚。另外像是不急著買房子，或是先將老後儲蓄暫停幾年等方法，都可以發揮即時作用。**只要好好計畫，少少的錢也可以過得很快樂。**

放慢腳步吧。

人生會因此變得更豐富。

和孩子共同持續體驗微不足道的小事。對父母和孩子來說，這是最珍貴的時間。不需要焦急、煩躁或頻頻看手機，只要好好地體驗「當下這一刻」。

55

盡情享受「孩子給予的時間」

——盡情享受人生中最寶貴的時光

孩子給予了我們「離島般的時光」

各位是否曾經發現，在離島度假的第一天，自己的腳步非常快。不久之後，心情開始放鬆，也開始習慣新環境的步調。

這時候，你會收起突兀的數位機器，開始對身邊經過的人展露微笑，因為對方也是如此。**說話變慢了，一整天就這樣隨興而過**。

在咖啡店裡，坐在老人家身邊，盡情地愈聊愈開心。躺在公園草坪上，看著輕飄的白雲，感受落在肌膚上的暖陽。這份奢侈的心境，和一成不變的忙亂日常，有著天差地遠的不同。

「離島的假日」，是孩子送給父母的禮物——只要你肯接受這樣的步調。

年幼的孩子，會讓人放慢腳步。

我和剛學步的女兒走到五個路口外的公園，需要花上一個小時的時間。

她一下走一下跳，跑來跑去，轉來轉去地。不時還停下腳步，拾起路邊的小石頭放進口袋裡（還有我的口袋）。

摸一下路邊回收車的輪子，觀察繁茂的樹根，盯著滴落排水溝的水滴不停地瞧。猜猜停在路邊的車子顏色，開心地指著天上的飛機，大喊「公車來了！」。還有，沒來由地大笑。

她全心欣賞這個世界的心情，也一併感染了我。

假使我將產前慌亂匆忙的步調套用在育兒上，女兒肯定不會快樂，我也會變得緊張而神經質吧。

不如接納孩子的步調，一起共度的時間反而快樂許多。

培養「幸福且具備能力的孩子」的方法

寶寶邀請你來到「緩慢」的世界。而這本書，正是所謂的「邀請函」。

在這本書當中，我們分享了以下幾點：

- 和另一半或朋友或孩子共同享受「當下這一刻」、加深彼此關係的方法。
- 面對孩子對父母的測試，不要「處罰」，而是「教導」。這是以長遠角度來看非常重要的方法。
- 同理、認同情緒的重要性。
- 和親子一起行動、遊戲、談笑的方法。
- （盡可能用許多歡笑）克服難過時刻的方法。

本書以科學數據為依據，介紹**最可能培養出「幸福且具備能力的孩子」**——**可以察覺並控制自我想法、行為、情緒的孩子**——的思考方式和實踐方法。

讀完這本書，你家地毯上的果汁印並不會因此消失。面對不想穿褲子而大吵大鬧的孩子，你也不會變得寬容大度。

你更不會因此就能阻止孩子抓傷朋友，或是對你說謊，或是第一次對你大喊「我最討厭你了！」。

養孩子對任何人來說，都是一件苦差事。什麼「完美的育兒方法」，世上根本沒這回事。

所以，就原諒不斷失敗的自己吧。

育兒的過程，每一天都充滿了「第一次」。第一次四個月大，第一次一歲兩個月，第一次四歲……就算有一天不順遂，也不會因此決定了孩子全部的人生。

育兒是一件「幸福」爆表的事情！

況且，關於育兒的難過記憶，很快就會淡去。因為幸福的時光實在太快樂了。

看著寶寶用小小的手緊抓著你，坐在你的腳上，抬頭望著你笑。這一幕，讓人心都快融化了，忍不住想親吻那圓潤的臉頰和小小的指尖。

左右顛倒地穿著媽媽的鞋子在屋子裡走來走去；聽到爸爸回家的聲音，開心尖叫地衝向大門迎接。

什麼事都想模仿爸媽，想吃爸媽的食物，想拿爸媽的包包，想穿爸媽的衣服。學著爸媽的語氣想幫忙。

有時說出讓大人敬佩的哲學發言，有時又爬上你的大腿，磨蹭著想跟你聊天。用可愛的聲音說著有趣的事，親吻著你，坐上你的肩頭。睡著的時候，露出天使般的美麗面孔。

就連生氣，也令人忍不住為他的可愛微笑。

就是今天，女兒不想午睡鬧著脾氣，突然從床上爬起來大喊「我要脫衣服！」。孩子就是這樣讓人摸不著頭緒！

每天不停和孩子大笑、遊戲，感受他的強烈愛意、自尊心和開心，打從心底為他驚歎。不僅如此，**像這樣被人如此深愛著，更是珍貴少有的經驗。**

育兒就像是體驗一場美好的旅行。

希望這本書，可以幫助你和孩子有個好的開始。

最高育兒指南

Zero to Five

最高育兒指南/崔西.庫奇洛(Tracy Cutchlow)作；賴郁婷譯. -- 初版. -- 臺北市：春天出版國際文化有限公司, 2025.03
面 ; 公分. -- (Better ; 45)
譯自：Zero to Five
ISBN 978-626-7637-43-2(平裝)
1.CST: 育兒 2.CST: 親職教育
428 114001140

Better 45

作　　者 ◎崔西・庫奇洛
譯　　者 ◎賴郁婷
總 編 輯 ◎莊宜勳
主　　編 ◎鍾靈
出 版 者 ◎春天出版國際文化有限公司
地　　址 ◎台北市大安區忠孝東路4段303號4樓之1
電　　話 ◎02-7733-4070
傳　　真 ◎02-7733-4069
E－mail ◎frank.spring@msa.hinet.net
網　　址 ◎http://www.bookspring.com.tw
部 落 格 ◎http://blog.pixnet.net/bookspring
郵政帳號 ◎19705538
戶　　名 ◎春天出版國際文化有限公司
法律顧問 ◎蕭顯忠律師事務所
出版日期 ◎二〇二五年三月初版
定　　價 ◎460元

總 經 銷 ◎楨德圖書事業有限公司
地　　址 ◎新北市新店區中興路2段196號8樓
電　　話 ◎02-8919-3186
傳　　真 ◎02-8914-5524
香港總代理 ◎一代匯集
地　　址 ◎九龍旺角塘尾道64號 龍駒企業大廈10 B&D室
電　　話 ◎852-2783-8102
傳　　真 ◎852-2396-0050

ISBN 978-626-7637-43-2